放射性同位元素等の規制に関する法令

概説と要点

（改訂 12 版）

公益社団法人
日本アイソトープ協会
Japan Radioisotope Association

改訂12版の発行にあたって

多くの人々に認識されていないのは残念であるが，放射線滅菌や非破壊検査などの工業分野，核医学診断や放射線治療などの医療分野において，放射性同位体（法令では放射性同位元素という）や加速器は非常に幅広く使われている。また基礎から応用まで，さまざまな研究開発の道具としても必要不可欠なものとなっている。しかし放射線は大量に被ばくすると人体に重篤な影響を与えることから，放射性同位体や加速器は十分に管理されて安全に使われる必要がある。

昭和30（1955）年に制定された「原子力基本法」の下に「放射性同位元素等による放射線障害の防止に関する法律（放射線障害防止法）」が昭和32年に制定され，安全に関して最低限守るべき事柄が決められた。放射線防護に関する考え方は国際放射線防護委員会（ICRP）の勧告に沿っており，現在の法令はICRPが1990年に出した勧告に基づいて検討されたものである。また法令は，我が国が加盟している国際原子力機関（IAEA）の基準等にも従っている。

法令は国内外の情勢の変化に対応するために頻繁に改正されてきており，大きなものでは平成16（2004）年に規制の対象となる放射性同位元素の定義数量などが変更され，平成24年には放射化物が規制の対象になり，さらに平成29年には盗取などを防ぐための防護を取り入れたことから，法の名称が「放射性同位元素等の規制に関する法律」に変更された。これに伴い，本書の表題も変更となった。

法令の周知は政府が刊行する官報が基本である。これを見やすく整理した本が，日本アイソトープ協会から3分冊の「アイソトープ法令集」として出版されている。しかし放射線管理の実務担当者が法令集で個々の条文を見て，何をすべきか，何をしてはいけないかを理解するのは容易ではない。一方，放射線取扱主任者試験の受験勉強用のテキストでは，責任の重い様々な判断をするよりどころとしては十分ではない。この2者をつなぐために出版されているのが本書である。

今回上梓する改訂12版は「令和3年4月1日改正対応版」と言えるものである。平成29（2017）年に改正された法律が令和元（2019）年9月に完全施行されたことに対応するとともに，令和3年4月に施行される眼の水晶体に対する線量限度の変更に関しても取り込んでいる。

本書が，放射線安全にかかわる方々が法令を理解する助けとなり，安全な放射線利用の推進に貢献できれば幸甚である。

最後に，本書は改訂11版までの出版に携わった方々のご尽力の上に成り立っていることを記して感謝の意を表したい。

（令和3年1月　編集委員長　上蓑義朋）

目　　次

1. 概　　説

1.1　放射線取扱主任者について

放射性同位元素（ラジオアイソトープ）の利用は，研究，教育の分野から工業，医療の分野に広く普及している。放射性同位元素は，非常に有用であるが，同時に誤った取扱いをすれば放射線障害発生のおそれがあるものでもある。放射線は目に見えず，皮膚で感じることなくして種々の障害を生ずるおそれが多分にあるので，放射性同位元素の使用，販売，賃貸，廃棄その他の取扱いや，放射線発生装置の使用，放射性同位元素によって汚染された物又は放射線発生装置から発生した放射線により生じた放射線を放出する同位元素によって汚染された物(以下「放射性汚染物」という。)の廃棄などに規制を加え，特定放射性同位元素を防護し，放射性同位元素等の使用・取扱いに従事する者及び周囲の一般人に対して，放射線障害の発生が起こらないようにすることが必要である。

このための法律が，「放射性同位元素等の規制に関する法律」（以下「放射性同位元素等規制法」という。）である。

許可届出使用者（法人の場合はその代表者）に例をとると，放射性同位元素等規制法は(1)基準にあった施設の設置，(2)放射線取扱主任者の選任，及び(3)放射線障害予防規程の作成等を要求している。

法令基準にあった施設は，放射性同位元素等の使用に際して，安全確保のための基礎となるものであるが，施設が十分であっても取扱いが適切でないと，放射線障害の発生は避けられない。そこで，放射線に関する知識と放射性同位元素等規制法を熟知した者に放射性同位元素等の取扱いについて監督を行わせる必要がある。さらに事業所ごとに放射線障害予防規程を作成し，それぞれの事業所の実態にあった安全管理体制を確立しておく必要がある。これらは使用に先立って，原子力規制委員会に提出されるため，施設の設置基準や放射性同位元素等の安全な使用方法の審査等が行われ，安全な使い方が期待できるかどうかが確認されている。

放射性同位元素等は安全に取り扱わなければならない。そこで放射性同位元素等を使用する許可届出使用者，届出販売業者，届出賃貸業者及び許可廃棄業者は，放射線障害の防止について監督を行わせるため，放射線取扱主任者免状を有する者のうちから放射線取扱主任者を事業所（届出販売業者及び届出賃貸業者にあっては法人）ごとに少なくとも1人選任しなければならないこととなっている。

放射線取扱主任者免状は，第1種，第2種，第3種の区分に分かれ，第1種と第2種の免状は原子力規制委員会又は原子力規制委員会の登録を受けた者（以下「登録試験機関」という。）の行う試験に合格し，かつ原子力規制委員会又は原子力規制委員会の登録を受けた者（以下「登録資格講習機関」という。）の行う講習を修了した者に交付される。第3種については，登録資格講習機関が実施する講習を受講することにより交付される。

すなわち，放射線取扱主任者免状の区分及びその取得要件は，**表1**のとおりである。

表1　放射線取扱主任者免状の区分及びその取得要件

放射線取扱主任者免状の区分	取得要件
第1種免状	第1種試験に合格し，かつ，第1種資格講習を修了
第2種免状	第2種試験に合格し，かつ，第2種資格講習を修了
第3種免状	第3種資格講習を修了

登録試験機関として，公益財団法人原子力安全技術センターが登録されている。

なお，資格講習についても，登録資格講習機関に講習を行わせることができることとなっている（法律第41条の31）。

1.2　放射線取扱主任者試験

この試験は，放射性同位元素等規制法に基づき，放射線障害を防止し，公共の安全を確保するために，放射性同位元素等の取扱上の監督を行う放射線取扱主任者としての資格を判定することを目的としている。

⑴　受験資格　特別の制限はない。

⑵　試験の区分

第1種放射線取扱主任者試験（第1種試験）及び第2種放射線取扱主任者試験（第2種試験）の2種類に区分している。

なお，試験の課目については，次の表のとおりである。

別表第2（施行規則第31条の2関係）

（i）　第1種放射線取扱主任者試験

試　験　の　課　目
⑴　法に関する課目
⑵　第1種放射線取扱主任者としての実務に関する次に掲げる課目 イ　放射性同位元素及び放射線発生装置並びに放射性汚染物の取扱い並びに使用施設等及び廃棄物詰替施設等の安全管理に関する課目 ロ　放射線の量及び放射性同位元素又は放射線発生装置から発生した放射線により生じた放射線を放出する同位元素による汚染の状況の測定に関する課目 ハ　放射性同位元素等又は放射線発生装置の取扱いに係る事故が発生した場合の対応に関する課目
⑶　物理学のうち放射線に関する課目
⑷　化学のうち放射線に関する課目
⑸　生物学のうち放射線に関する課目

(ii)　第２種放射線取扱主任者試験

試　験　の　課　目
(1)　法に関する課目
(2)　第２種放射線取扱主任者としての実務に関する次に掲げる課目 イ　放射性同位元素（密封されたものに限る。）の取扱い及び使用施設等（密封された放射性同位元素を取り扱うものに限る。）の安全管理に関する課目 ロ　放射線の量の測定に関する課目 ハ　放射性同位元素（密封されたものに限る。）又は放射性汚染物の取扱いに係る事故が発生した場合の対応に関する課目
(3)　物理学のうち放射線に関する課目
(4)　化学のうち放射線に関する課目
(5)　生物学のうち放射線に関する課目

(3)　試験の施行日時，場所

試験が施行されるときはその都度，日時，場所，その他必要な事項を原子力規制委員会が官報で公告することになっている。

試験の回数は毎年１回以上行うことになっているが，第１種と第２種の２種類の試験についてそれぞれ年１回行われている。

これまで，試験の受験手続の詳細は４月下旬頃官報に公告されている。第１種試験，第２種試験は，８月下旬頃に実施されてきたが，試験日及び官報公告等の期日は多少の変更があるから注意すること。

試験は，札幌，東京，大阪及び福岡の４か所において大学の校舎等を使用して同時に行われる。

(4)　受験の手続

「放射線取扱主任者試験受験申込書」に写真を添えて，登録試験機関に提出する。「受験申込書」は同機関及び複数の機関で交付しているので，直接行くか又は郵便で申し込むとよい（郵送希望の場合は，返信用封筒（A４判が入る大きさ）及び返信用切手を同封すること）。

〔登録試験機関〕　公益財団法人 原子力安全技術センター　主任者試験 Gr.
〒112-8604　東京都文京区白山５-１-３-101　東京富山会館ビル４階
☎（03）3814-7480　　http://www.nustec.or.jp/

⑸　合格者の発表

試験施行の約3か月後に，試験の合格者は官報に公告されるとともに，本人あてに合格証が直接送付される。この試験の合格率については，受験者数，合格者数とともに公表されているので**表2**に紹介しておく。

表2　放射線取扱主任者試験施行結果年度別一覧表

第1種 試験					第2種 試験				
回数	試験施行日	受験者数	合格者数	合格率(%)	回数	試験施行日	受験者数	合格者数	合格率(%)
55	22.8.25～26	3,822	945	24.7	52	22.8.27	2,701	1,266	46.9
56	23.8.24～25	4,077	1,225	30.0	53	23.8.26	2,707	750	27.7
57	24.8.22～23	4,218	978	23.2	54	24.8.24	3,046	615	20.2
58	25.8.21～22	4,179	1,233	29.5	55	25.8.23	2,859	861	30.1
59	26.8.20～21	3,678	951	25.9	56	26.8.22	2,642	522	19.8
60	27.8.19～20	3,853	1,181	30.7	57	27.8.21	2,629	787	29.9
61	28.8.24～25	3,678	788	21.4	58	28.8.26	2,623	801	30.5
62	29.8.23～24	3,767	819	21.7	59	29.8.25	2,485	514	20.7
63	30.8.22～23	3,558	843	23.7	60	30.8.24	2,238	528	23.6
64	1.8.21～22	3,357	788	23.5	61	1.8.23	1.971	293	14.9

合格基準は，試験課目毎の得点が5割以上で，かつ，全試験課目の得点が6割以上。

1.3　放射線取扱主任者資格講習

⑴　資格講習の区分

講習は，次のとおり区分され，それぞれ受講資格が定められている（法律第35条第8項，施行規則第35条の4）。

講習の区分	受講資格
第1種資格講習	第1種試験に合格した者
第2種資格講習	第2種試験に合格した者
第3種資格講習	なし

⑵　資格講習の課目及び時間数

資格講習の課目及び時間数は，次のとおり定められている（施行規則第35条の8，平成17年文部科学省告示第95号*）。第1種，第2種，第3種の資格講習においていずれも修了試験が行われることになっている。

＊ 平成30年原子力規制委員会告示第1号にて改正

別表第3（施行規則第31条の3関係）

（i）第1種資格講習

資格講習の課目	時間数
(1) 放射線の基本的な安全管理に関する課目	6時間
(2) 放射性同位元素及び放射線発生装置並びに放射性汚染物の取扱い並びに使用施設等及び廃棄物詰替施設等の安全管理の実務に関する課目	11時間
(3) 放射線の量及び放射性同位元素又は放射線発生装置から発生した放射線により生じた放射線を放出する同位元素による汚染の状況の測定の実務に関する課目	12時間
(4) 放射性同位元素等又は放射線発生装置の取扱いに係る事故が発生した場合の対応の実務に関する課目	1時間

（ii）第2種資格講習

資格講習の課目	時間数
(1) 放射線の基本的な安全管理に関する課目	3時間
(2) 放射性同位元素（密封されたものに限る。）の取扱い及び使用施設等(密封された放射性同位元素を取り扱うものに限る。)の安全管理の実務に関する課目	7時間
(3) 放射線の量の測定の実務に関する課目	7時間
(4) 放射性同位元素（密封されたものに限る。）又は放射性汚染物の取扱いに係る事故が発生した場合の対応の実務に関する課目	1時間

（iii）第3種資格講習

資格講習の課目	時間数
(1) 法に関する課目	2時間
(2) 放射線及び放射性同位元素の概論	1時間30分
(3) 放射線の人体に与える影響に関する課目	1時間30分
(4) 放射線の基本的な安全管理に関する課目	2時間
(5) 放射線の量の測定及びその実務に関する課目	3時間

⑶　受講手続

講習を受けようとする者は，所定の様式の受講申込書を提出しなければならない。この場合，第 1 種資格講習又は第 2 種資格講習を受けようとする者は，放射線取扱主任者試験の合格証の写しを添付する必要がある（施行規則第 35 条の 5）。

講習は，原子力規制委員会の登録を受けた者（登録資格講習機関）に行わせることができる（法律第 41 条の 34）とされており，登録資格講習機関において受講手続をとること。

⑷　講習修了証

講習を修了した者には，講習修了証が交付される（施行規則第 35 条の 6）。

講習修了証を汚し，損じ，又は失った者は，再交付を受けることができる。

1.4　放射線取扱主任者免状の交付

放射線取扱主任者免状の交付を受けようとする者は，所定の様式の免状交付申請書に，⑴ 合格証，⑵ 資格講習修了証を添えて，原子力規制委員会に提出しなければならない。第 3 種放射線取扱主任者免状の場合にあっては，講習修了証のみを添える。なお住民基本台帳法に定める「本人確認情報」を利用できないときは，住民票の写し等を提出する（施行規則第 36 条の 2）。

免状の交付を受けた者で，免状の記載事項に変更を生じたときは，免状訂正申請をしなければならず，また免状を汚し，損じ，又は失ったときは，再交付を受けることができる（施行規則第 37 条，第 38 条）。

1.5 選任放射線取扱主任者のための定期講習

届出販売業者，届出賃貸業者（表示付認証機器のみを販売・賃貸する者と運搬及び運搬の委託を行わない者を除く。）並びに許可届出使用者，許可廃棄業者は，選任した放射線取扱主任者に一定期間ごとにその資質の向上を図るための講習(登録放射線取扱主任者定期講習機関が行う定期講習)を受けさせなければならない（法律第 36 条の 2）。

法律で定められている講習の課目と時間数は次の表のとおりである（平成 17 年文部科学省告示第 95 号）。

(i) 密封されていない放射性同位元素の使用をする許可使用者，放射線発生装置の使用をする許可使用者又は許可廃棄業者が選任した放射線取扱主任者が受講する定期講習（3 年ごと）

定期講習の課目	時間数
(1) 法に関する課目	1 時間以上
(2) 放射性同位元素等又は放射線発生装置の取扱い及び使用施設等又は廃棄物詰替施設等の安全管理に関する課目	1 時間以上
(3) 放射性同位元素等又は放射線発生装置の取扱いに係る事故が発生した場合の対応に関する課目	30 分以上

総時間数 4 時間以上

(ii) 放射性同位元素の使用をする許可届出使用者が選任した放射線取扱主任者（(i)に規定する放射線取扱主任者を除く。）が受講する定期講習（3 年ごと）

定期講習の課目	時間数
(1) 法に関する課目	1 時間以上
(2) 放射性同位元素(密封されたものに限る。)の取扱い及び使用施設等（密封された放射性同位元素を取り扱うものに限る。）の安全管理に関する課目	1 時間以上
(3) 放射性同位元素(密封されたものに限る。）又は放射性汚染物の取扱いの事故が発生した場合の対応に関する課目	30 分以上

総時間数 3 時間以上

(iii)　届出販売業者又は届出賃貸業者が選任した放射線取扱主任者が受講する定期講習（5 年ごと）

定期講習の課目	時間数
(1)　法に関する課目	1 時間以上
(2)　放射性同位元素等の取扱いの事故の事例に関する課目	1 時間以上

総時間数 2 時間以上

1.6　放射線障害の防止に関する諸法令

放射性物質等の規制を行う法令は**表 3**（12 〜16 頁）のとおりである。

1.6.1　主要な法律

放射線を発生するものは，法律上，(1) 核原料物質及び核燃料物質，(2) 放射性同位元素及び放射線発生装置，(3) 放射性医薬品に大別され，それぞれ以下の法律の規制を受ける。

(1)　核原料物質，核燃料物質 ―― 核原料物質，核燃料物質及び原子炉の規制に関する法律（原子炉等規制法）

(2)　放射性同位元素，放射線発生装置 ―― 放射性同位元素等の規制に関する法律（放射性同位元素等規制法）*

(3)　放射性医薬品 ―― 医療法
医薬品，医療機器等の品質，有効性及び安全性の確保等に関する法律※

原子力基本法が昭和 30（1955）年 12 月に制定され，原子炉等規制法や放射線障害防止法が昭和 32 年 6 月に制定された。放射線障害防止法は平成 29（2017）年 4 月の法改正により放射性同位元素等規制法に改称された。放射性物質等の規制を行う主な法令は**表 3** のような関係にある。

* 原子力利用における安全対策の強化のための核原料物質，核燃料物質及び原子炉の規制に関する法律等の一部を改正する法律（平成 29 年法律第 15 号，2 段階施行で令和元年 9 月 1 日施行）により法律名が改められた。

※ 薬事法等の一部を改正する法律（平成 25 年法律第 84 号，平成 26 年 6 月 12 日施行）により，法律名が改められた。

法令は，法律，政令（施行令），省令（規則），告示の順に細部が規定され，これらから構成されている。

1.6.2　主要な規則等

放射性同位元素等の取扱いは，取扱いや放射線発生の態様等により，さらに次の規則等により規制される。

(a)　電離放射線障害防止規則

労働者（国家公務員及び船員を除く。）を放射線障害から保護することを目的として定められている。労働安全衛生法の適用される事業所で放射線を取り扱う場合には，本規則にも従わなければならない。

(b)　職員の放射線障害の防止（人事院規則 10–5）

国家公務員法に基づき，一般職の国家公務員を放射線障害から保護するため定められている。

(c)　船員電離放射線障害防止規則

船員法に基づき，船員を放射線障害から保護するため定められている。

(d)　放射性同位元素等車両運搬規則

事業所の外における鉄道，軌道，索道，無軌条電車，自動車及び軽車両による放射性同位元素等の運搬方法について定められている。

(e)　航空法施行規則

航空機による放射性物質等の運搬について定められている。

(f)　危険物船舶運送及び貯蔵規則

船舶による放射性物質等の運搬及び貯蔵に関して定められている。

1.6.3　これまでに出題されたことのある法令

放射線障害の防止に関する法令は，**表 3** にみられるとおり数多くあるが，このうち放射線取扱主任者試験にこれまでに出題されたことのある法令は，下記のとおりである。このうちでも大部分の出題は，(3)，(4)，(5)，(6) からである。

(1)　原子力基本法

(2)　核燃料物質，核原料物質，原子炉及び放射線の定義に関する政令

(3)　放射性同位元素等の規制に関する法律

(4)　放射性同位元素等の規制に関する法律施行令

(5)　放射性同位元素等の規制に関する法律施行規則

(6)　放射線を放出する同位元素の数量等を定める件

(7)　放射性同位元素等の工場又は事業所の外における運搬に関する技術上の基準に係る細目等を定める告示

(8)　特定放射性同位元素の数量を定める告示

(9)　放射性同位元素等車両運搬規則

表 3　放射線障害の防止に関する主要法令

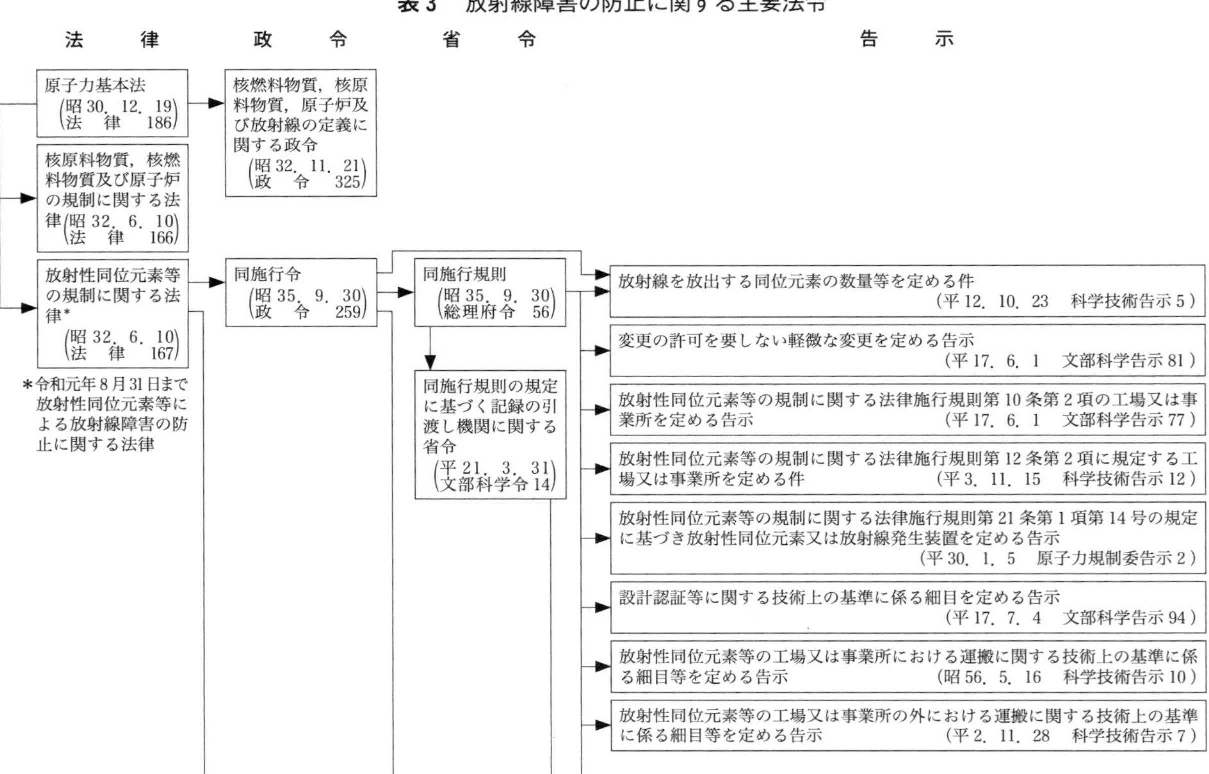

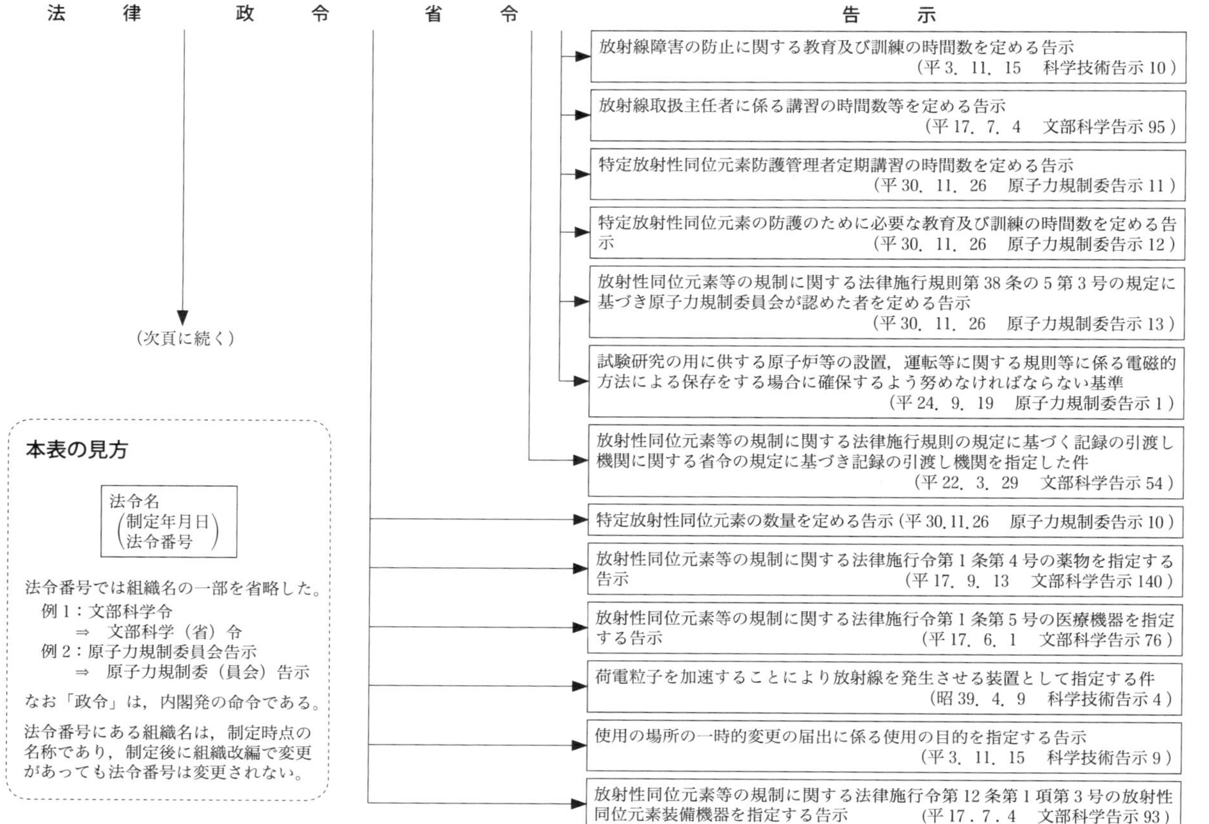
法　律
政　令
省　令
告　示
放射線障害の防止に関する教育及び訓練の時間数を定める告示
（平 3．11．15　科学技術告示 10）
放射線取扱主任者に係る講習の時間数等を定める告示
（平 17．7．4　文部科学告示 95）
特定放射性同位元素防護管理者定期講習の時間数を定める告示
（平 30．11．26　原子力規制委告示 11）
特定放射性同位元素の防護のために必要な教育及び訓練の時間数を定める告示
（平 30．11．26　原子力規制委告示 12）
放射性同位元素等の規制に関する法律施行規則第 38 条の 5 第 3 号の規定に基づき原子力規制委員会が認めた者を定める告示
（平 30．11．26　原子力規制委告示 13）
試験研究の用に供する原子炉等の設置，運転等に関する規則等に係る電磁的方法による保存をする場合に確保するよう努めなければならない基準
（平 24．9．19　原子力規制委告示 1）
放射性同位元素等の規制に関する法律施行規則の規定に基づく記録の引渡し機関に関する省令の規定に基づき記録の引渡し機関を指定した件
（平 22．3．29　文部科学告示 54）
特定放射性同位元素の数量を定める告示（平 30.11.26　原子力規制委告示 10）
放射性同位元素等の規制に関する法律施行令第 1 条第 4 号の薬物を指定する告示
（平 17．9．13　文部科学告示 140）
放射性同位元素等の規制に関する法律施行令第 1 条第 5 号の医療機器を指定する告示
（平 17．6．1　文部科学告示 76）
荷電粒子を加速することにより放射線を発生させる装置として指定する件
（昭 39．4．9　科学技術告示 4）
使用の場所の一時的変更の届出に係る使用の目的を指定する告示
（平 3．11．15　科学技術告示 9）
放射性同位元素等の規制に関する法律施行令第 12 条第 1 項第 3 号の放射性同位元素装備機器を指定する告示
（平 17．7．4　文部科学告示 93）
（次頁に続く）
本表の見方
法令名
（制定年月日
法令番号）
法令番号では組織名の一部を省略した。
例 1：文部科学令
⇒　文部科学（省）令
例 2：原子力規制委員会告示
⇒　原子力規制委（員会）告示
なお「政令」は，内閣発の命令である。
法令番号にある組織名は，制定時点の名称であり，制定後に組織改編で変更があっても法令番号は変更されない。

表3 放射線障害の防止に関する主要法令（続）

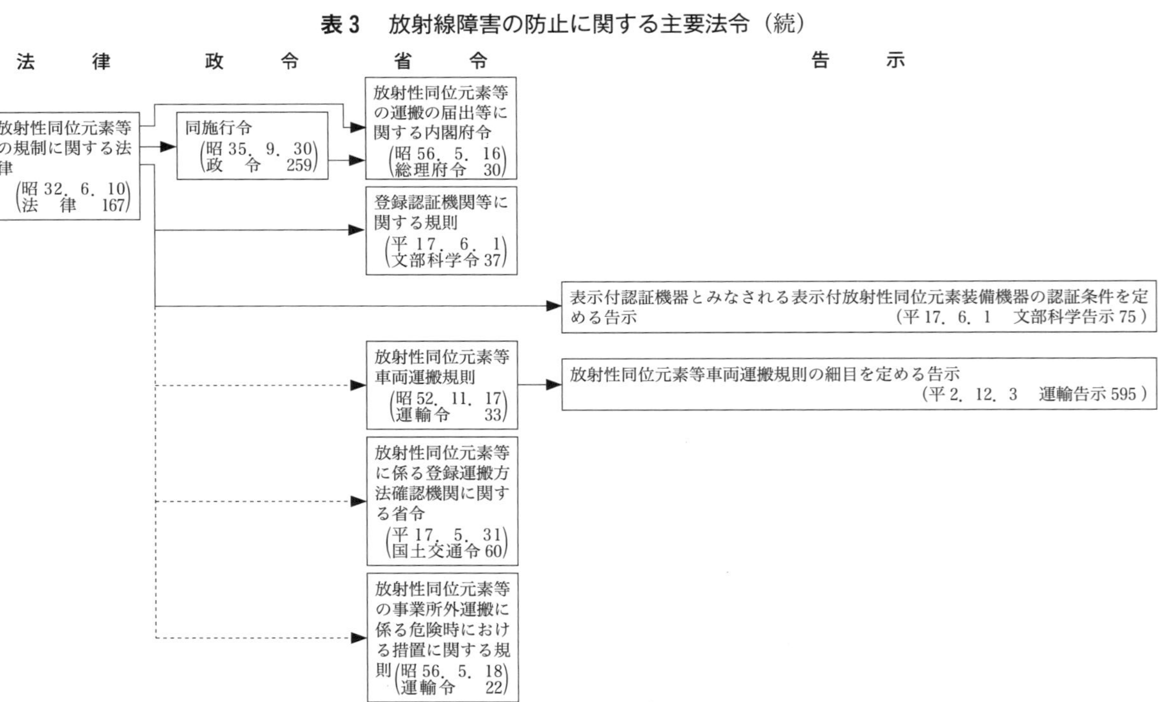

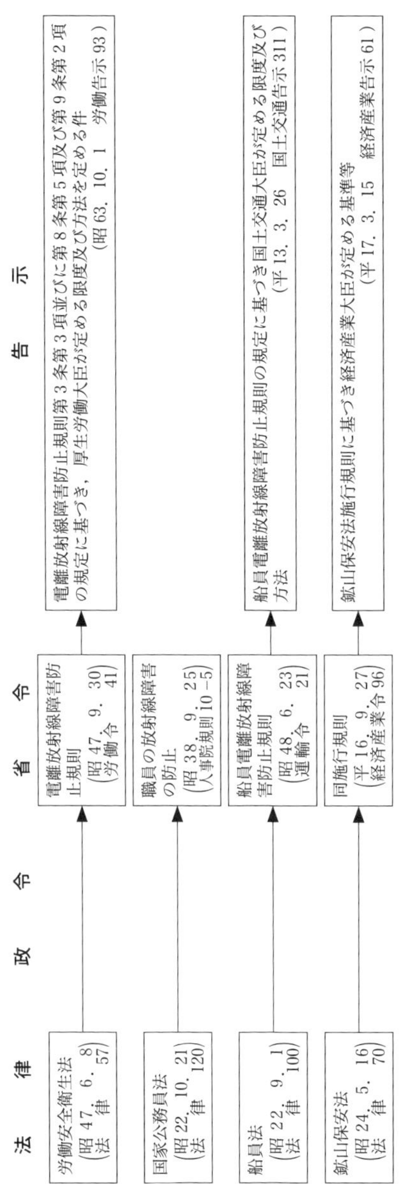
法　律
政　令
省　令
告　示
労働安全衛生法 (昭47. 6. 8 法律 57)
電離放射線障害防止規則 (昭47. 9. 30 労働令 41)
電離放射線障害防止規則第3条第3項並びに第8条第5項及び第9条第2項の規定に基づき，厚生労働大臣が定める限度及び方法を定める件 (昭63. 10. 1　労働告示93)
国家公務員法 (昭22. 10. 21 法律 120)
職員の放射線障害の防止 (昭38. 9. 25 人事院規則10–5)
船員法 (昭22. 9. 1 法律 100)
船員電離放射線障害防止規則 (昭48. 6. 23 運輸令 21)
船員電離放射線障害防止規則の規定に基づき国土交通大臣が定める限度及び方法 (平13. 3. 26　国土交通告示311)
鉱山保安法 (昭24. 5. 16 法律 70)
同施行規則 (平16. 9. 27 経済産業令96)
鉱山保安法施行規則に基づき経済産業大臣が定める基準等 (平17. 3. 15　経済産業告示61)

表 3　放射線障害の防止に関する主要法令（続）

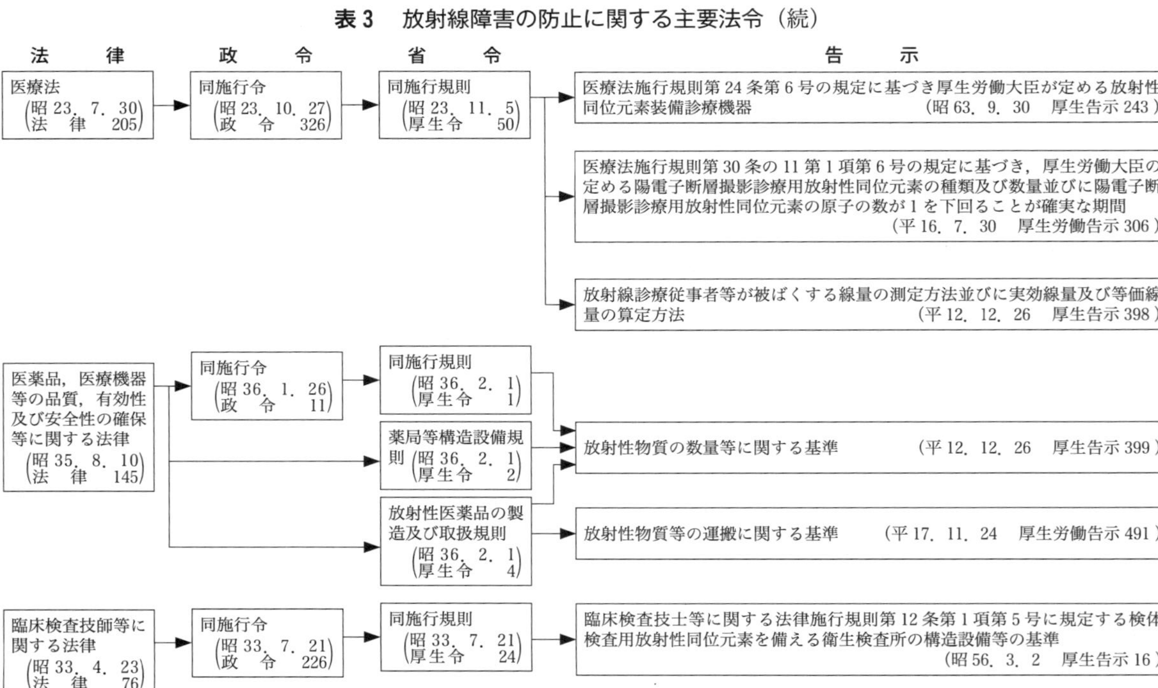

2．基本的な考え方

わが国における原子力平和利用の憲法ともいうべきものとして，原子力基本法がある。この法律は，原子力の研究・開発及び利用を推進することにより，学術の進歩と産業の振興を図るとともに，人類社会の福祉と国民生活の水準向上とに寄与することを目的として，昭和30（1955）年に制定されたものである。

これによると，わが国における原子力開発利用の基本方針として，原子力利用は，平和の目的に限定されており，安全の確保を旨として，⑴民主的な運営の下に，⑵自主的にこれを行い，⑶その成果を公開することとしており（これを民主・自主・公開の3原則ともいう。），さらに，進んで国際協力に資することが定められている。また，この法律は原子力平和利用の推進を図るとともに，その利用によって生ずるおそれのある放射線障害を防止し，公共の安全を確保することについて規定している（原子力基本法第1条，第2条及び第20条)。

この法律に基づき，ウラン，プルトニウム，トリウム及び原子炉に対する規制として「核原料物質，核燃料物質及び原子炉の規制に関する法律」(略して「原子炉等規制法」という。）が，また，放射性同位元素及び放射線発生装置に対する規制として，「放射性同位元素等による放射線障害の防止に関する法律」（略して「放射線障害防止法」という。）がそれぞれ昭和32年に制定された。放射線障害防止法は平成29（2017）年に「放射性同位元素等の規制に関する法律」(略して「放射性同位元素等規制法」という。）に改正された。

このうち放射性同位元素等規制法は，国際放射線防護委員会（ICRP）勧告を基に，放射線審議会の審議及びわが国の実状にあわせて，放射性同位元素や放射線発生装置の使用等を規制することにより，放射線障害の発生を防止するために制定されたものである。すなわち，放射性同位元素や放射線発生装置から出る放射線は，それを利用することにより，学術の進歩や産業の発展等に役立つが，その反面，人体に対し，放射線障害を引き起こす潜在的な危険性を持っている。この危険性を皆無にするためには，放射線による被ばくが予測されるすべての活動，すなわち放射性同位元素や放射線発生装置の利用をすべて断念しなければならなくなるが，われわれの社会は常に発展を望んでおり，それらの利用から得られる利益を考えると，むしろ，放射線障害の発生のリスクを最小限におさえつつ，それらの利用を積極的に推進することが重要である。

放射線作業に従事する者及び一般国民の受ける放射線量を，放射線障害の生ずるおそれのない線量以下にすることが放射線防護の基本原則である。このことから，放射性同位元素等の利用に際して，ある程度の規制を受けるのもやむを得ないことである。放射性同位元素等規制法は，放射線作業に従事する者及び一般国民を放射線障害の発生から防止し，公共の安全を確保することを目的にしている。

放射性同位元素等を取り扱う者は，放射性同位元素等規制法の精神に沿って，放射性同位元素等の性質，放射線障害の本質を理解することはもちろんのこと，放射線防護技術を修得し，放射線障害の発生防止に努力しなければならない。

主 要 点

1. 原子力基本法に述べられている基本方針（同法第 2 条第 1 項）

   原子力利用は，平和の目的に限り，安全の確保を旨として，民主的な運営の下に，自主的にこれを行うものとし，その成果を公開し，進んで国際協力に資するものとする。

2. 放射性同位元素等規制法の目的（法律第 1 条）

   この法律は，原子力基本法（昭和 30 年法律第 186 号）の精神にのっとり，放射性同位元素の使用，販売，賃貸，廃棄その他の取扱い，放射線発生装置の使用及び放射性同位元素又は放射線発生装置から発生した放射線によって汚染された物（以下「放射性汚染物」という。）の廃棄その他の取扱いを規制することにより，これらによる放射線障害を防止し，及び特定放射性同位元素を防護して，公共の安全を確保することを目的とする。

3．法令の構成とその要点

通常，放射性同位元素等規制法とは，「放射性同位元素等の規制に関する法律」，「同施行令」，「同施行規則」，「放射線を放出する同位元素の数量等を定める件」の4つの総称の意味で使われることが多い。以後これらのおのおのを指すときは，法律，施行令，施行規則，数量告示と簡単にいうこととする。

法律の構成は，次のとおりである。

第1章　総則（第1条・第2条）
第2章　使用の許可及び届出，販売及び賃貸の業の届出並びに廃棄の業の許可（第3条～第12条）
第3章　表示付認証機器等（第12条の2～第12条の7）
第4章　許可届出使用者，届出販売業者，届出賃貸業者，許可廃棄業者等の義務等（第12条の8～第33条の3）
第5章　放射線取扱主任者等（第34条～第38条の3）
第6章　許可届出使用者等の責務（第38条の4）
第7章　登録認証機関等（第39条～第41条の46）
第8章　雑則（第42条～第50条）
第9章　罰則（第51条～第61条）
第10章　外国船舶に係る担保金等の提供による釈放等（第62条～第66条）
附　則

施行令は法律の委任を受けた事項について規定しており，その構成は次のとおりである。

第1章　放射性同位元素等の定義（第1条・第2条）
第2章　許可の申請及び届出（第3条～第10条）
第3章　放射性同位元素装備機器の設計の認証等(第11条～第20条の4)

第 4 章　登録認証機関等（第 21 条〜第 29 条の 2）
第 5 章　雑則（第 30 条・第 31 条）
第 6 章　外国船舶に係る担保金等の提供による釈放等(第 32 条〜第 35 条)
附　則

施行規則は，法律及び施行令の委任を受けた事項及びそれらの実施に必要な事項について規定しており，その構成は次のとおりである。

第 1 章　定義（第 1 条）
第 2 章　許可の申請等（第 2 条〜第 14 条）
第 2 章の 2　放射性同位元素装備機器の設計認証等の申請等（第 14 条の 2 〜第 14 条の 6）
第 2 章の 3　使用施設等の基準（第 14 条の 7 〜第 14 条の 12）
第 2 章の 4　施設検査等（第 14 条の 13 〜第 14 条の 21）
第 3 章　使用の基準等（第 15 条〜第 19 条の 3）
第 4 章　測定の義務等（第 20 条〜第 29 条の 7）
第 5 章　放射線取扱主任者等（第 30 条〜第 38 条の 9）
第 6 章　雑則（第 39 条〜第 42 条）
附　則

数量告示に示されている数値（別表の分は除いて）と考え方は重要である。

以上は法令の組立てについて述べたものであるが，これら全体についての要点として，手続・施設基準・行為基準の 3 つをあげることができる。

手続は許可申請，変更許可申請，軽微な変更に係る変更届，使用の場所の一時的変更届，氏名等の変更届，使用の届出，届出使用に係る変更届，施設検査の申請，定期検査の申請，定期確認の申請，運搬確認の申請，容器承認の申請，放射線取扱主任者の選任・解任届，放射線障害予防規程届，特定放射性同位元素管理者の選任・解任届，特定放射性同位元素防護規程届，使用の廃止届等であって，法律，施行令，施行規則のいずれにも関連している。なお施行規則の末尾に別記様式が示されており，すべての手続はこれら様式のいずれかのなかに見いだされる。

4. 定義及び数値

次に掲げるものの定義は，放射性同位元素等規制法に規定された定義であり，学術用語や他の法令の定義とは若干違うところがある。なお，法令中で用いられる単位及び単位の接頭語についての定義等は**付表 22，23** に示した。

4.1 放　射　線

放射線とは，次に掲げる電磁波又は粒子線をいう（法律第 2 条第 1 項，及び原子力基本法第 3 条第 5 号，核燃料物質，核原料物質，原子炉及び放射線の定義に関する政令第 4 条)。

⑴　アルファ線，重陽子線，陽子線その他の重荷電粒子線及びベータ線

⑵　中性子線

⑶　ガンマ線及び特性エックス線（軌道電子捕獲に伴って発生する特性エックス線に限る。)

⑷　1 メガ電子ボルト以上のエネルギーを有する電子線及びエックス線

補足説明

ここで注意しなければならないのは⑷のところであり，1 メガ電子ボルト（MeV）未満のエネルギーを有する電子線とエックス線は，ここでいう「放射線」に含まれない。すなわち，1 MeV 未満の電子線及びエックス線を発生する装置は，この法律でいう放射線発生装置に該当せず，この装置そのものが放射性同位元素等規制法の規制の対象とならない。しかし，この法律による個人の被ばく線量，管理区域の線量，放射線遮蔽などについては，1 MeV 未満の電子線やエックス線も含めることになっている。

4.2 放射性同位元素

放射性同位元素とは，放射線を放出する同位元素及びその化合物並びにこれらの含有物であって，数量及び濃度がその種類ごとに原子力規制委員会が定めた数量（以下「下限数量」という。）及び濃度を超えるものとする。数量及び濃度は**付表 2** を参照，ただし，24 頁の〔放射性同位元素等規制法から除かれるもの〕(1)～(5) に掲げるものを除く（法律第 2 条第 2 項，施行令第 1 条，数量告示*第 1 条）。

(a) 密封されていない放射性同位元素

密封されていない放射性同位元素であって，その種類が 1 種類のものについては，1 工場又は 1 事業所が所持する総量が下限数量及び濃度（数量告示別表第 1 で核種ごとに定めた数量及び濃度）を超える場合に規制対象となる。

補足説明

規制対象となる密封されていない放射性同位元素とは，その数量及び濃度が核種ごとに数量告示別表第 1 に示される数量及び濃度を超えるもの。核種が 2 種類以上のときは，核種ごとの数量及び濃度の数値に対する割合の和が 1 を超える場合に規制対象となる。数量については工場又は事業所を単位として計算する（数量告示第 1 条）。

表 4　放射線を放出する同位元素の数量及び濃度

第 1 欄		第 2 欄	第 3 欄
放射線を放出する同位元素の種類		数量(Bq)	濃度(Bq/g)
核種	化　学　形　等		
^{60}Co	放射平衡中の子孫核種を含む。	1×10^5	1×10^1
^{90}Sr		1×10^4	1×10^2
^{131}I		1×10^6	1×10^2

数量告示 別表第 1（第 1 条関係）から抜粋

＊ 放射線を放出する同位元素の数量等を定める件（平成 12 年科学技術庁告示第 5 号）

〔例〕ある研究所で濃度が数量告示別表第1第3欄に示す濃度を超える ^{90}Sr 2.2 kBq，^{60}Co 74 kBq 及び ^{131}I 111 kBqをあわせて使用する場合

表4に示された数量は，^{90}Sr が 10 kBq，^{60}Co が 100 kBq，さらに ^{131}I が 1000 kBqであるので，これらの割合の和は，

$$\frac{2.2\ \mathrm{kBq}}{10\ \mathrm{kBq}}+\frac{74\ \mathrm{kBq}}{100\ \mathrm{kBq}}+\frac{111\ \mathrm{kBq}}{1000\ \mathrm{kBq}}=0.22+0.74+0.111=1.071$$

となる。すなわち，それぞれの種類についての**表4**に示された数量に対する割合の和が1.071となり，これは1を超えているので，放射性同位元素等規制法の規制を受けることになる。

(b) 密封された放射性同位元素

密封された放射性同位元素については，線源1個（通常，1式又は1組で用いるものは1式又は1組）に含まれている放射線を放出する同位元素について，下限数量及び濃度を超える場合に規制対象となる。

補足説明

規制対象となる密封された放射性同位元素とは，線源1個当たりの数量が下限数量及び濃度を超えるものをいう。逆にいえば，数量又は濃度の一方が数量告示の数量又は濃度以下の場合は，何個あっても「密封された放射性同位元素」に該当せず，放射性同位元素等規制法の規制を受けない。

表5　放射性同位元素等規制法の規制対象となる放射性同位元素の基準

区　分	濃　度	数　量
密封されていない放射性同位元素	容器1個当たりの濃度が数量告示別表の値を超えるもの	事業所全体に存在するものの和が下限数量を超えるもの
密封された放射性同位元素	線源1個当たりの濃度が数量告示別表の値を超えるもの	線源1個当たりの数量が下限数量を超えるもの

・核種が2種類以上のときは，数量告示別表第1に示される核種ごとの数量及び濃度の数値に対する割合の和が1を超える場合に規制対象となる。

〔放射性同位元素等規制法から除かれるもの〕（施行令第1条）

⑴　原子力基本法（昭和30年法律第186号）第3条第2号に規定する核燃料物質及び同条第3号に規定する核原料物質

⑵　薬機法（昭和35年法律第145号）第2条第1項に規定する医薬品及びその原料又は材料であって同法第13条第1項の許可を受けた製造所に存するもの

⑶　医療法（昭和23年法律第205号）第1条の5第1項に規定する病院又は同条第2項に規定する診療所(次号において「病院等」という。)において行われる薬機法第2条第17項に規定する治験の対象とされる薬物

⑷　前2号に規定するもののほか，陽電子放射断層撮影装置による画像診断に用いられる薬物その他の治療又は診断のために医療を受ける者又は獣医療を受ける獣医療法（平成4年法律第46号）第2条第1項に規定する飼育動物に対し投与される薬物であって，当該治療又は診断を行う病院等又は同条第2項に規定する診療施設において調剤されるもののうち，原子力規制委員会が厚生労働大臣又は農林水産大臣と協議して指定するもの

⑸　薬機法第2条第4項に規定する医療機器で，原子力規制委員会が厚生労働大臣又は農林水産大臣と協議して指定するものに装備されているもの

4.3　特定放射性同位元素

特定放射性同位元素とは，放射性同位元素であって，その放射線が発散された場合において人の健康に重大な影響を及ぼすおそれがあるものとして政令で定めるものをいう（法律第2条第3項）。

政令第1条の2で規定され，それらの数量については告示で示されている（**付表20**）法改正により，半減期2日以上の密封されていない放射性同位元素を大量に貯蔵する場合又は使用する場合及び密封された放射性同位元素（24核種のみ）において特定放射性同位元素となり，防護の対象となった。

4.4　放射性同位元素装備機器

放射性同位元素装備機器とは，硫黄計その他の放射性同位元素を装備している機器をいう(法律第2条第4項)。

4.4.1　設計認証の制度

放射性同位元素装備機器（以下4.4の節で「装備機器」という。）の持つリスクや利用の実態に応じた合理的な規制を行うために設計認証制度が設けられた。装備機器を製造・輸入しようとする者は放射線障害防止のための機能を有する部分の設計及び設計に合致することの確認の方法並びに年間使用時間その他の使用，保管及び運搬に関する条件について原子力規制委員会の認証を受けることができる。ただし，下限数量に1000を乗じて得られた数量以下の放射性同位元素を装備するものの場合は登録認証機関の認証を受けることができる（法律第12条の2，施行令第11条第2項)。

4.4.2　設計認証の基準

設計認証を得るためには技術上の基準を満たさなければならない。主な基準は次のとおりである（施行規則第14条の3，平成17年文部科学省告示第94号*)。

⑴　当該装備機器を当該申請に係る使用，保管及び運搬に関する条件に従って取り扱うときに外部被ばくが年1 mSv以下で，内部被ばくのおそれがないこと

⑵　装備機器の種類ごとに定められた規格は，産業標準化法（昭和24年法律第185号）に基づく日本産業規格 Z 4821-1に定める等級に合ったものであること

⑶　線源が装備機器に固定されている容器に収納されていること，取扱いの際の温度等に耐え，容易に破損しないこと

＊　設計認証等に関する技術上の基準に係る細目を定める告示

4.4.3 特定設計認証

上記の設計認証以外に，放射線障害のおそれの極めて少ない装備機器として施行令・告示で定める装備機器については，当該装備機器を製造・輸入しようとする者は，特定設計認証を受けることができる。特定設計認証を受けることができる装備機器としては以下の機器が指定されている。

(1) 煙感知器

(2) レーダー受信部切替放電管

(3) その他表面から 10 cm 離れた位置における 1 cm 線量当量率が 1 μSv/h 以下のものであって原子力規制委員会が指定するもの

(i) 集電式電位測定器（静電気測定器）

(ii) 熱粒子化式センサー（有害ガス測定器）

（施行令第 12 条第 1 項，平成 17 年文部科学省告示第 93 号*）

4.4.4 表示付認証機器，表示付特定認証機器

設計認証又は特定設計認証を受けた者（認証機器製造者等）は設計認証又は特定設計認証の申請時に定めた確認の方法に従い，検査を行わねばならない。その結果，認証条件に合致していることが確認されれば，その旨を表示することができる。この表示がされた機器を表示付認証機器及び，表示付特定認証機器という（法律第 12 条の 2 第 1 項，第 12 条の 5 第 2 項）。

補足説明

表示付認証機器の使用者は一般の放射性同位元素の使用の許可・届出とは別に表示付認証機器の使用の届出を使用開始後 30 日以内に行えばよい。またこれを使用する事業所では，放射線取扱主任者の選任，測定，放射線障害予防規程の作成，教育及び訓練，健康診断等の義務は課されない（法律第 3 条の 3 第 1 項，第 25 条の 2 第 1 項）。また表示付特定認証機器については使用の届出を要しない。ただし，表示付認証機器，表示付特定認証機器ともに

* 放射性同位元素等の規制に関する法律施行令第 12 条第 1 項第 3 号の放射性同位元素装備機器を指定する告示

廃棄しようとする時には許可届出使用者又は許可廃棄業者に廃棄を委託しなければならず，自ら廃棄することはできない（法律第19条第5項）。

4.5　放射線発生装置

放射線発生装置とは，放射線を発生させることを目的とする次に掲げる装置をいう。ただし，その表面から10 cm 離れた位置における最大線量当量率が1 cm 線量当量率について600 nSv/h 以下であるものは除かれる(法律第2条第5項，施行令第2条，数量告示第2条，昭和39年科学技術庁告示第4号*)。

⑴　サイクロトロン

⑵　シンクロトロン

⑶　シンクロサイクロトロン

⑷　直線加速装置

⑸　ベータトロン

⑹　ファン・デ・グラーフ型加速装置

⑺　コッククロフト・ワルトン型加速装置

⑻　その他荷電粒子を加速することにより放射線を発生させる装置で，放射線障害の防止のため必要と認めて原子力規制委員会が指定するもの（原子力規制委員会が指定したものとして，変圧器型加速装置，マイクロトロン及びプラズマ発生装置（重水素とトリチウムとの核反応における臨界プラズマ条件を達成する能力をもつ装置であって，専ら重水素と重水素との核反応を行うものに限る。）がある。）

4.1 ⑷ で示す1メガ電子ボルト未満のエネルギーを有する電子及びエックス線は，法でいう放射線には該当しないので，当該電子又はエックス線を発生させる放射線発生装置は規制の対象から外されている。

＊　荷電粒子を加速することにより放射線を発生させる装置として指定する件

4.6 放射性汚染物

放射性汚染物とは，放射性同位元素によって汚染された物又は，放射線発生装置から発生した放射線により生じた放射線を放出する同位元素によって汚染された物（放射化物）をいう。

放射性同位元素等とは，放射性同位元素と放射性汚染物（放射化物を含む。）を指す。

4.7 許可届出使用者

許可届出使用者とは，許可使用者及び届出使用者の総称をいう。

許可使用者とは，放射性同位元素であってその種類若しくは密封の有無に応じて施行令で定める数量を超えるもの又は放射線発生装置の使用（製造（放射性同位元素を製造する場合に限る。），詰替え（放射性同位元素の詰替えをする場合に限り，廃棄のための詰替えを除く。）及び装備（放射性同位元素装備機器に放射性同位元素を装備する場合に限る。））について原子力規制委員会から許可を受けた者をいう。

届出使用者とは，1 個又は 1 式当たりの数量が下限数量を超え下限数量に 1000 を乗じて得られた数量以下の密封された放射性同位元素の使用を原子力規制委員会に届け出た者をいう。ただし，表示付認証機器の使用をする者（当該表示付認証機器に係る認証条件に従った使用，保管及び運搬をするものに限る。）及び表示付特定認証機器の使用をする者については，この限りでない（法律第 3 条，第 3 条の 2）。

ただし，法第 31 条の 2 では，表示付認証機器使用者（表示付認証機器届出使用者も該当）が含まれる。

許可届出使用者とは別に，「許可届出使用者等」が使われるが，許可届出使用者等は，許可届出使用者，届出販売業者，届出賃貸業者及び許可廃棄業者並びにこれらの者から運搬を委託された者と規定されている（法律第 18 条第 1 項）。

ただし，法第 32 条及び 33 条では，表示付認証機器使用者（表示付認証機器届出使用者も該当）及び表示付認証機器使用者から運搬を委託された者が含まれる。

4.8　特定許可使用者

特定許可使用者とは，許可使用者のうち密封された放射性同位元素1個若しくは放射性同位元素装備機器1台の数量が10 TBq 以上の貯蔵施設，密封されていない放射性同位元素の貯蔵能力が下限数量に10万を乗じて得られた数量以上の貯蔵施設又は放射線発生装置の使用施設を有するものをいう。特定許可使用者は，登録検査機関が行う施設検査，定期検査及び登録定期確認機関が行う定期確認を受ける必要がある（法律第12条の8，第12条の9，施行令第13条）。9章を参照のこと。

4.9　届出販売業者

届出販売業者とは，放射性同位元素を業として販売することについて，原子力規制委員会に届け出た者をいう。ただし，表示付特定認証機器のみを業として販売する者は除かれる（法律第4条）。

4.10　届出賃貸業者

届出賃貸業者とは，放射性同位元素を業として賃貸することについて，原子力規制委員会に届け出た者をいう。ただし，表示付特定認証機器のみを業として賃貸する者は除かれる（法律第4条）。

4.11　許可廃棄業者

許可廃棄業者とは，放射性同位元素又は放射性汚染物を業として廃棄することについて，原子力規制委員会から許可を受けた者をいう（法律第4条の2）。

4.12　表示付認証機器届出使用者・表示付認証機器使用者

表示付認証機器届出使用者とは，表示付認証機器の使用を原子力規制委員会に届け出た者をいう。使用開始後30日以内に届け出なければならない（法律第3条の3）。

表示付認証機器使用者とは，表示付認証機器を所持のみをしている者（例として届出販売業者等）及び使用したものの届出の手続きが未だ済んでいない者をいう。

4.13　認証機器製造者等

認証機器製造者等とは，設計認証又は特定設計認証を受けた者をいう（法律第12条の4）。設計認証又は特定設計認証を受けることができる者は法律第12条の2で，放射性同位元素装備機器を製造又は輸入する者に限定されている。

4.14　放射線業務従事者

放射線業務従事者とは，放射性同位元素等又は放射線発生装置の取扱い，管理又はこれに付随する業務（「取扱等業務」という。）に従事する者であって，管理区域に立ち入る者をいう（施行規則第1条第8号）。

補足説明

管理区域に立ち入る者を放射線業務従事者と一時的に立ち入る者に区分し，業務の内容，管理区域への立入り時間等を考慮し，放射線障害の発生を防止しようとするものである。そのため，管理区域に立ち入らない者は，放射線業務従事者には該当しない。

放射線業務従事者とは，管理区域に立ち入り，かつ，取扱等業務（放射性同位元素等又は放射線発生装置を取り扱い，また，その管理あるいはこれらに付随する業務）に従事する者をいう。

一時的に立ち入る者とは，放射線施設を見学する者，施設の掃除*のために立ち入る者など，管理区域への立入りによる被ばくのおそれが少ない者をいう。

* 放射性同位元素の使用中に当該施設の掃除は行わないことを基本とする。

4.15　放射線施設

放射線施設とは，使用施設，廃棄物詰替施設，貯蔵施設，廃棄物貯蔵施設又は廃棄施設をいう（施行規則第1条第9号）。

表6　原則として必要な放射線施設

区　分	必　要　な　施　設		
許可使用者	使用施設	貯蔵施設	廃棄施設
届出使用者	—	貯蔵施設	—
許可廃棄業者	廃棄物詰替施設	廃棄物貯蔵施設	廃棄施設
届出販売業者及び届出賃貸業者	—	—	—
表示付認証機器届出使用者	—	—	—

補足説明

放射性同位元素又は放射線発生装置を使用する場合及び業として放射性同位元素又は放射性汚染物を廃棄する場合には，原則として次の施設が必要である。

「使用施設」とは，放射性同位元素又は放射線発生装置を使用するために許可使用者が設置する施設をいい，「廃棄物詰替施設」とは，許可廃棄業者が放射性同位元素等の詰替えをする施設をいい，この2つの施設基準はおおむね同じである。

なお，放射化物保管設備は使用施設である。

「貯蔵施設」とは，許可届出使用者が放射性同位元素を貯蔵する施設をいい，「廃棄物貯蔵施設」とは，許可廃棄業者が放射性同位元素等を貯蔵する施設をいい，この2つの施設基準もおおむね同じである。

「廃棄施設」とは，放射性同位元素等を廃棄する施設をいい，これには排気設備，排水設備，焼却炉，廃棄作業室，固型化処理設備，保管廃棄設備，廃棄物埋設地などが含まれる（施行規則第14条の7～12）。

4.16 管理区域

管理区域とは，

(1) 外部放射線に係る線量については，実効線量が3月間につき1.3ミリシーベルト（mSv）を超え，あるいは超えるおそれのある場所

(2) 空気中の放射性同位元素の濃度については，3月間についての平均濃度が後述（4.18）の空気中濃度限度の1/10を超え，あるいは超えるおそれのある場所

(3) 放射性同位元素によって汚染される物の表面の放射性同位元素の密度が，後述（4.20）の表面密度限度の1/10を超え，あるいは超えるおそれのある場所をいう。

ただし，同時に外部放射線に被ばくし，汚染された空気を呼吸するおそれのあるときは，外部放射線に係る線量と空気中濃度のそれぞれの線量限度又は濃度限度に対する割合の和が，1を超え，あるいは超えるおそれのある場所を管理区域とする。

4.17 実効線量限度及び等価線量限度

実効線量限度及び等価線量限度は，放射線業務従事者がある一定期間内で受ける線量の限度を示したものであり，いずれも超えてはならない（被ばく線量の算出に当たっては，1 MeV 未満のエネルギーを有する電子線及びエックス線による被ばくを含め，かつ，内部被ばくがある場合には複

合する。なお，診療上の被ばく及び自然放射線による被ばくは除かれる。線量限度は，**表7**のように規定されている。）（施行規則第1条第10号，第11号，数量告示第5条，第6条）。

表7　放射線業務従事者の実効線量限度及び等価線量限度

線量限度	測定部位	放射線業務従事者
実効線量限度	全　身	⑴　実効線量限度 ・100 mSv/5年*1 ・50 mSv/年*2 ⑵　女子*3　5 mSv/3月*4 ⑶　妊娠中の女子　許可届出使用者又は許可廃棄業者が妊娠の事実を知ったときから出産までの間につき ・内部被ばく 1 mSv
等価線量限度	眼の水晶体	・100 mSv/5年*1 ・50 mSv/年*2
	皮　膚	500 mSv/年*2
	妊娠中である女子の腹部表面	許可届出使用者又は許可廃棄業者が妊娠の事実を知ったときから出産までの間につき　2 mSv

＊1　平成13年4月1日以降5年ごとに区分した各期間
＊2　4月1日を始期とする1年間
＊3　妊娠不能と診断された者，妊娠の意思のない旨を許可届出使用者又は許可廃棄業者に書面で申し出た者及び妊娠中の者を除く
＊4　4月1日，7月1日，10月1日及び1月1日を始期とする各3月間

補足説明

等価線量と実効線量

(1) 等価線量

1990年以前は，LETの関数として表される「線質係数」が定義され，この線質係数を吸収線量に加重して得られる線量である「線量当量」が用いられていた（測定のための実用量としては現在も用いられている）。

1990年のICRP勧告により組織・臓器にわたって平均し，線質について加重した吸収線量に適用するための概念として,「放射線加重係数」(w_R)を新たに定義した。w_Rは，身体に外部から入射する放射線又は体内に存在する放射線源から放出される放射線の種類とエネルギーで決められている。例えば，光子はすべてのエネルギーがひとくくりとなっていて，w_Rは1である。アルファ粒子のw_Rは20と示されている。放射線防護に利用される基本的な線量概念として，放射線加重係数を吸収線量にかけて求められる,「等価線量」(H_T）を導入した（次式)。単位はSvが用いられる。

$H_T = D_T \cdot w_R$

D_T：臓器Tの平均吸収線量

w_R：放射線加重係数

(2) 実効線量

1990年のICRP勧告では放射線のリスクに関連した線量概念として，異なった複数の組織への異なる線量を組み合わせて確率的影響の全体と相関するように示すため，実効線量を導入した。各臓器・組織の等価線量にそれぞれの放射線感受性の相対値（「組織加重係数」w_T）を乗じて，すべての臓器について和をとった値に相当する。単位はSvが用いられる。実効線量を用いると，放射線のリスクに比例した量で表すことになり，加算性を持たせることができる。

実効線量（E）は，次式により定義される。

$E = \sum w_T \cdot H_T$

w_T：臓器Tの組織加重係数

H_T：臓器Tの等価線量

4.18　空気中の放射性同位元素の濃度限度

空気中の放射性同位元素の濃度限度とは，放射線施設内の人が常時立ち入る場所において，人が呼吸する空気中の放射性同位元素の濃度基準を定めたもので，1週間についての平均濃度として次の(1)〜(4)に示す濃度を限度としている（施行規則第1条第12号，数量告示第7条）。

(1) 放射性同位元素の種類が明らかで，かつ，1種類の場合には，数量告示別表第2*第4欄に示す濃度

(2) 放射性同位元素の種類が明らかで，かつ，空気中に2種類以上の放射性同位元素が含まれる場合には，それらの放射性同位元素の濃度の数量告示別表第2*第4欄に示された放射線同位元素ごとの濃度に対する割合の和が1となるような濃度

(3) 放射性同位元素の種類が明らかでない場合にあっては，数量告示別表第2*の第4欄に示す濃度のうち，最も低いもの（ただし，空気中に含まれていないことが明らかであるものを除く。）

(4) 放射性同位元素の種類が明らかで，かつ，数量告示別表第2*に示されていない場合には，別表第3*の第1欄に示す放射性同位元素の区分に応じて第2欄の濃度

4.19　排気又は排水中の放射性同位元素の濃度限度

排気又は排水中の放射性同位元素の濃度限度とは，排気中若しくは空気中又は排液中若しくは排水中の濃度基準を定めたもので，排気口又は排水口におけるこの濃度は，3月間についての平均濃度として次の(1)〜(4)に示す濃度を限度としている（数量告示第14条）。

(1) 放射性同位元素の種類が明らかで，かつ，1種類の場合には，数量告示別表第2*第5欄，第6欄に示す濃度

(2) 放射性同位元素の種類が明らかで，かつ，2種類以上の放射性同位元素が含まれる場合には，それらの放射性同位元素の濃度の数量告示

＊　数量告示別表第2……付表8参照，数量告示別表第3……付表9参照

別表第2[*1]第5欄，第6欄に示された放射線同位元素ごとの濃度に対する割合の和が1となるような濃度

(3) 放射性同位元素の種類が明らかでない場合にあっては，数量告示別表第2[*1]の第5欄，第6欄に示された濃度のうち，それぞれ最も低いもの（ただし，含まれていないことが明らかであるものを除く。）

(4) 放射性同位元素の種類が明らかで，かつ，放射性同位元素の種類が数量告示別表第2[*1]に示されていない場合には，別表第3[*1]の第1欄に示す放射性同位元素の区分に応じて，第3欄，第4欄の濃度

ただし，排気又は排水監視設備を設けて濃度を監視する場合は，事業所の境界（事業所の境界に隣接する区域に，人がみだりに立ち入らないような措置を講じた場合には，その区域の境界）の外の排気中若しくは空気中又は排液中若しくは排水中の放射性同位元素の濃度については，3月間[*2]の平均濃度が上記(1)～(4)の濃度限度以下であること。

以上の能力をもつ排気設備又は排水設備を設置することが著しく困難な場合において，原子力規制委員会の承認を受けたときは，設置されている排気設備又は排水設備が事業所等の境界の外における線量を実効線量で1 mSv/年[*3]以下とする能力を有すること。

補足説明

4.18の空気中の濃度限度と4.19の排気中の濃度限度は，はっきり区別して理解しなければならない。前者は，放射線施設内に放射線作業等で立ち入っている人（放射線業務従事者）が呼吸する空気中の放射性同位元素の濃度限度であり，1週間について空気中の放射性同位元素の平均濃度がこの濃度限度を超えないように規制している。後者は，放射線施設内の空気を環境中に排気する時の排気中放射性同位元素の濃度限度であり，3月間について排気中の放射性同位元素の平均濃度がこの濃度限度を超えないように規制している。

---

*1 数量告示別表第2……付表8参照，数量告示別表第3……付表9参照

*2 4月1日，7月1日，10月1日，1月1日を始期とする3月間

*3 4月1日を始期とする1年間

4.20 表面密度限度

表面密度限度とは，放射線施設内の人が常時立ち入る場所において，人が触れる物の表面の放射性同位元素の密度を定めたもので，これは**表 8** に示す表面密度である（施行規則第 1 条第 13 号，数量告示第 8 条）。

表 8　表面密度限度（数量告示別表第 4）

区　　　　分	密　　度 (Bq/cm²)
アルファ線を放出する放射性同位元素	4
アルファ線を放出しない放射性同位元素	40

4.21 放射性同位元素の使用をする室等

放射性同位元素の使用をする室等とは，放射性同位元素の使用をする室，放射性同位元素の廃棄のための詰替えをする室，貯蔵室若しくは貯蔵箱，施行規則第 14 条の 9 第 2 号（施行規則第 14 条の 10 において準用する場合を含む。）の容器，保管廃棄設備，第 14 条の 11 第 1 項第 8 号のハの容器又は法律第 10 条第 6 項による一時的に使用する場所（以下「一時的に使用をする場所」という。）が該当する（施行規則第 1 条第 14 号）。具体的には，特定放射性同位元素を使用・保管・保管廃棄する場所を指す。

4.22 防 護 区 域

防護区域とは，4.21 に記述の放射性同位元素の使用をする室等を含む特定放射性同位元素を防護するために講ずる措置の対象となる場所をいう（施行規則第 1 条第 15 号）。特定放射性同位元素を所持する許可届出使用者及び許可廃棄業者は防護区域を設定しなければならない。

4.23 防護従事者

防護従事者とは，特定放射性同位元素の防護に関する業務に従事する者をいう。防護従事者に特定放射性同位元素防護管理者が含まれる（施行規則第 1 条第 16 号）。

4.24 遮蔽物に係る線量限度

遮蔽物に係る線量限度とは，実効線量としての限度を定めたもので，遮蔽壁その他の遮蔽物又は遮蔽体を用いることにより限度を超えないようにする（規則第 14 条の 7 第 1 項第 3 号，数量告示第 10 条）。

表 9 遮蔽物に係る線量限度

区　　分	線量限度
放射線施設内の人が常時立ち入る場所	1 mSv/週
工場又は事業所の境界	250 μSv/ 3 月間
工場又は事業所内で人が居住する区域	250 μSv/ 3 月間
病室又は診療所（介護保険法で定める介護老人保健施設を除く。）の病室又は介護保険法で定める介護医療院の療養室	1 . 3 mSv/ 3 月間

5．認証機器（放射性同位元素装備機器）

5.1　放射性同位元素装備機器の設計認証

放射性同位元素装備機器を製造し又は輸入しようとする者は，当該機器が放射線障害の防止のための機能を有する部分の設計，年間使用時間，その他の使用，保管及び運搬に関する条件について，設計認証又は特定設計認証を受けることができる。

設計認証又は特定設計認証を受けようとするときは，所定の様式に(1)〜(3)の事項を記載し，(i)〜(iv)の書類を添付して原子力規制委員会又は登録認証機関に提出する。

登録認証機関においては，下限数量に1000を乗じて得られる数量以下の放射性同位元素装備機器について設計認証又は特定設計認証を行っている（法律第12条の2第1項，施行令第11条第2項）。

(1)　氏名又は名称及び住所並びに法人にあっては，その代表者の氏名

(2)　放射性同位元素装備機器の名称及び用途

(3)　装備する放射性同位元素の種類及び数量

上記の申請書には，次の書類を添付しなければならない（法律第12条の2，施行規則第14条の2）。

(i)　放射線障害防止のための機能を有する部分の設計並びに使用，保管及び運搬に関する条件（特定設計認証の場合は年間使用時間に係るものを除く。）を記載した書面

(ii)　放射性同位元素装備機器の構造図等の書面

(iii)　放射性同位元素装備機器の製造の方法の説明書

(iv)　放射性同位元素装備機器が認証の基準に適合することを示す書面

設計に関する技術上の基準として，構造，材料，遮蔽，密封，耐熱等の

性能について定められており，基準に適合していることが試作品等により確認されている必要がある（施行規則第 14 条の 3 第 1 項第 1 号，平成 17 年文部科学省告示第 94 号*）。

なお，認証を受けようとする者が不正の手段により認証を受けたとき又は不正に放射性同位元素装備機器に表示を付した場合は，当該認証を取り消されることがある（法律第 12 条の 7）。

5.2 認証機器の表示

原子力規制委員会又は登録認証機関は，申請があった設計並びに使用，保管及び運搬の条件が技術基準に適合していると認めるときは，設計認証又は特定設計認証をしなければならない（法律第 12 条の 3 第 1 項）。

設計認証又は特定設計認証された放射性同位元素装備機器について，認証を受けた者は，その旨の表示を付することができる（法律第 12 条の 5，施行規則第 14 条の 3）。表示が付されている放射性同位元素装備機器は，「表示付認証機器」，又は「表示付特定認証機器」と呼ばれる。

〈表示の内容〉

(1) 「原子力規制委員会」の文字，又は登録認証機関の名称又は登録認証機関を特定できる文字若しくは記号

(2) 認証番号

表示は，剥がしてはいけない。

認証機器以外の機器には，表示を付したり，又はこれと紛らわしい表示を付してはならない（法律第 12 条の 5 第 3 項）。

5.3 認証機器の添付文書

表示付認証機器又は表示付特定認証機器を販売又は賃貸しようとする者は，当該機器に (1)〜(7) の事項を記載した文書を添付しなければならない（法律第 12 条の 6，施行規則第 14 条の 6）。

---

* 設計認証等に関する技術上の基準に係る細目を定める告示

⑴　認証番号

⑵　使用，保管及び運搬に関する条件

⑶　廃棄する場合は許可届出使用者又は許可廃棄業者に廃棄を委託しなければならない旨の記述

⑷　使用等に関する届出，廃止・廃止措置の届出及び使用の廃止に伴う措置の報告書の様式（表示付特定設計認証機器を除く。）

⑸　当該機器について法の適用がある旨

⑹　認証機器製造者等の連絡先

⑺　原子力規制委員会のホームページアドレス

6．使用開始前の手続

6.1　使用の許可の申請

密封されていない放射性同位元素，下限数量に1000を乗じて得られる数量を超える密封された放射性同位元素又は放射線発生装置を使用しようとする者は，工場又は事業所ごとに原子力規制委員会の許可を受けなければならない（法律第3条第1項，施行令第3条）。

放射性同位元素等の使用の許可の申請を行う際は，あらかじめ，施行規則第2条第1項の規定により「放射性同位元素・放射線発生装置の使用許可申請書」（別記様式第1）を原子力規制委員会に提出し，許可を受けなければならない。申請書に記載する事項は以下のとおり（法律第3条第2項）。

⑴　氏名又は名称及び住所並びに法人にあっては，その代表者の氏名
⑵　放射性同位元素の種類，密封の有無及び数量又は放射線発生装置の種類，台数及び性能
⑶　使用の目的及び方法
⑷　使用の場所
⑸　使用施設の位置，構造及び設備
⑹　貯蔵施設の位置，構造，設備及び貯蔵能力
⑺　廃棄施設の位置，構造及び設備

添付書類としては以下のとおり（施行規則第2条第2項）。

⑴　登記事項証明書（法人の場合）
⑵　予定使用開始時期及び予定使用期間を記載した書面
⑶　使用施設，貯蔵施設，廃棄施設を中心に，縮尺，方位を付けた事業所内外の平面図

⑷　使用施設，貯蔵施設，廃棄施設の各室の間取り，用途，出入口，管理区域，標識を付ける箇所を示し，縮尺，方位を付けた平面図

⑸　使用施設，貯蔵施設，廃棄施設の主要部分の縮尺を付けた断面詳細図

⑹　使用施設等の基準に適合することを証明する書面及び図面（遮蔽計算書等）

⑺　自動表示装置又はインターロックを設置している室の平面図（出入口，設置箇所を示したもの），インターロックの機能説明書

⑻　排気設備の能力説明書，排気の系統を示した図面

⑼　排水設備の能力説明書，排水の系統を示した図面

⑽　事業所内を随時移動させて使用する場合の使用の方法，放射線障害の防止のために講ずる措置を記載した書面

⑾　許可を受けようとする者（法人にあっては役員）の精神の機能障害に関する医師の診断書

それぞれの事業所の申請内容に応じて該当するものを提出することになっている。

なお，次の者には許可を与えないことになっている（法律第5条）。

⑴　許可を取り消され，取消しの日から2年を経過していない者

⑵　この法律又はこの法律に基づく命令の規定に違反し，罰金以上の刑に処せられ，その執行を終わり，又は執行を受けることのなくなった後，2年を経過していない者

⑶　法人であって，その業務を行う役員のうちに上記⑴及び⑵のいずれかに該当する者のあるもの

6.2　使用の届出

密封された放射性同位元素であって1個又は1式当たりの数量が下限数量に1000を乗じて得られる数量以下のもののみを使用しようとする者は，原子力規制委員会に届け出ることにより使用することができる（法律第3条の2，施行令第4条第1項）。

放射性同位元素の使用の届出をする際は，あらかじめ，施行規則第3条

第1項の規定により「放射性同位元素の使用届」(別記様式第2) を原子力規制委員会に届け出なければならない。届出書に記載する事項は以下のとおり (法律第3条の2第1項)。

(1) 氏名又は名称及び住所並びに法人にあっては，その代表者の氏名
(2) 放射性同位元素の種類，密封の有無及び数量
(3) 使用の目的及び方法
(4) 使用の場所
(5) 貯蔵施設の位置，構造，設備及び貯蔵能力

添付書類としては以下のとおり (施行規則第3条第2項)。

(1) 予定使用開始時期と予定使用期間を記載した書面
(2) 使用の場所及び廃棄の場所の状況，管理区域，標識を付ける箇所，貯蔵施設を示し，縮尺，方位を付した平図面
(3) 貯蔵施設の基準に適合することを示す書面 (遮蔽計算書)

6.3 表示付認証機器の使用の届出

表示付認証機器を使用する者は，使用の開始の日から30日以内に，施行規則第5条の規定により「表示付認証機器使用・使用変更届」(別記様式第4) を，原子力規制委員会に届け出なければならない。

届出書に記載する事項は以下のとおり (法律第3条の3第1項)。

(1) 氏名又は名称及び住所並びに法人にあっては，その代表者の氏名
(2) 表示付認証機器の認証番号及び台数
(3) 使用の目的及び方法

6.4 販売及び賃貸の業の届出

放射性同位元素を業として販売又は賃貸しようとする者は，原子力規制委員会に届け出ることにより販売又は賃貸を行うことができる。なお，表示付特定認証機器を業として販売又は賃貸する場合の届出は不要である (表示付特定認証機器の販売又は賃貸は規制されない)。

放射性同位元素の販売業又は賃貸業の届出をする際は，施行規則第6条

第1項の規定により「放射性同位元素の販売業・賃貸業届」(別記様式第5)を原子力規制委員会に届け出なければならない。届出書に記載する事項は以下のとおり（法律第4条第1項)。

⑴　氏名又は名称及び住所並びに法人にあっては，その代表者の氏名

⑵　放射性同位元素の種類

⑶　販売所又は賃貸事業所の所在地

添付書類としては以下のとおり（施行規則第6条第2項)。

⑴　予定事業開始時期及び予定事業期間を記載した書面

⑵　放射性同位元素の種類ごとの年間販売予定数量（予定事業期間が1年に満たない場合にあっては，その期間の販売予定数量）又は最大賃貸予定数量（予定事業期間中の任意の時点において現に賃貸していることが予定される数量のうちの最大のもの）を記載した書面

届出販売業者及び届出賃貸業者は，届け出た放射性同位元素を運搬するとき以外，直接放射性同位元素を取り扱うことができない。保管，廃棄のような取扱いをする場合は販売・賃貸の業の届出とは別に使用の許可又は届出が必要となる。

6.5　廃棄の業の許可の申請

放射性同位元素又は放射性汚染物を業として廃棄しようとする者は，原子力規制委員会の許可を受けなければならない（法律第4条の2)。

廃棄の業の許可の申請を行う際は，あらかじめ，施行規則第7条第1項の規定により「放射性同位元素又は放射性汚染物の廃棄業許可申請書」(別記様式第7）を原子力規制委員会に提出し，許可を受けなければならない。申請書に記載する事項は以下のとおり（法律第4条の2第2項)。

⑴　氏名又は名称及び住所並びに法人にあっては，その代表者の氏名

⑵　廃棄事業所の所在地

⑶　廃棄の方法

⑷　廃棄物詰替施設の位置，構造及び設備

⑸　廃棄物貯蔵施設の位置，構造，設備及び貯蔵能力

⑹　廃棄施設の位置，構造及び設備

(7) 廃棄物埋設を行う場合には(i)及び(ii)の事項

(i) 埋設を行う放射性同位元素又は放射性汚染物の性状及び量

(ii) 放射能の減衰に応じて放射線障害の防止のために講ずる措置

添付書類は，基本的には6.1の内容とほぼ同じであるので省略する。

6.6 放射線障害予防規程の作成・届出

放射線障害予防規程は，放射性同位元素又は放射線発生装置の使用を開始する前，販売又は賃貸並びに廃棄の業を開始する前に作成し，施行規則第21条第2項の規定により「放射線障害予防規程届」（別記様式第25）に作成した放射線障害予防規程を添え，原子力規制委員会に届け出なければならない（法律第21条第1項)。なお，表示付認証機器のみを販売する届出販売業者又は賃貸する届出賃貸業者にあっては放射線障害予防規程の作成及び届け出ることを要しない（法律第21条第1項)。

放射線障害予防規程に盛り込まなければならない事項としては，18の事項が定められているので，事業所の許可又は届出の内容に合わせて作成する。記載事項については，後述の9.13で説明してあるので参照されたい。

原子力規制委員会は，放射線障害を防止するために必要であると認めたときは，放射線障害予防規程の変更を許可届出使用者，届出販売業者，届出賃貸業者及び許可廃棄業者に対し命じることができる（法律第21条第2項)。

6.7 放射線取扱主任者の選任・解任の届出

許可届出使用者，届出販売業者，届出賃貸業者及び許可廃棄業者は，放射性同位元素を使用施設若しくは貯蔵施設に運び入れる前，放射線発生装置を使用施設に設置する前，販売又は賃貸並びに廃棄の業を開始する前に放射線取扱主任者を選任し，選任後30日以内に，施行規則第31条の規定により「放射線取扱主任者選任・解任届」（別記様式第41）を原子力規制委員会に届け出なければならない（法律第34条第2項)。なお，表示付認証機器のみを使用する事業所では，放射線取扱主任者を選任することを要しない（法律第 34 条第 2 項，施行規則第 30 条第 2 項）。

放射線取扱主任者の選任に当たっての資格は，事業所の使用形態等により**表 10** に示すように区分されている。ただし，**表 10** の区分に係わらず，放射性同位元素又は放射線発生装置を診療のために用いるときは医師又は歯科医師を，放射性同位元素又は放射線発生装置を薬機法に規定する医薬品，医療機器等の製造所において使用をするときは薬剤師を，それぞれ放射線取扱主任者として選任することができる（法律第 34 条第 1 項）。

また，選任しなければならない放射線取扱主任者の数は 1 工場又は 1 事業所若しくは 1 廃棄事業所につき少なくとも 1 人，届出販売業者又は届出賃貸業者につき少なくとも 1 人である（施行規則第 30 条第 1 項）。放射線取扱主任者を複数人選任することは可能である。

放射線取扱主任者の義務は，誠実にその職務を遂行することにあり，その職務とは放射線施設に立ち入る者に対し放射線障害が発生することを防止するための監督，指示を行うことである（法律第 36 条）。放射線取扱主任者が放射性同位元素等規制法に違反したとき等において，原子力規制委員会は，許可届出使用者，届出販売業者，届出賃貸業者又は許可廃棄業者に対して，放射線取扱主任者又は代理者の解任を命じることがある（法律第 38 条）。さらに，放射線取扱主任者免状の返納を命じることがある（法律第 35 条第 5 項）。

使用施設等に立ち入る者は，放射線取扱主任者が法令又は放射線障害予防規程の実施を確保するためにする指示に従わなければならない。また，許可届出使用者，届出販売業者，届出賃貸業者及び許可廃棄業者は放射線障害の防止に関し，放射線取扱主任者の意見を尊重しなければならないこととされている（法律第 36 条第 2 項，第 3 項）。

表 10　放射線取扱主任者の選任の区分

<table>
<tr><th>選任する事業所</th><th>第 1 種</th><th>第 2 種</th><th>第 3 種</th></tr>
<tr><td>・特定許可使用者
・密封されていない放射性同位元素を使用する者
・許可廃棄業者</td><td rowspan="3">選任可能</td><td>——</td><td>——</td></tr>
<tr><td>・密封された放射性同位元素の許可使用者（1 個又は 1 式当たりの数量で 10 TBq未満の許可使用者）</td><td rowspan="2">選任可能</td><td>——</td></tr>
<tr><td>・届出使用者（1 個又は 1 式当たり下限数量に 1000 を乗じて得られる数量以下のみを使用する者）
・届出販売業者
・届出賃貸業者</td><td>選任可能</td></tr>
</table>

・表示付認証機器届出使用者又は表示付特定認証機器を使用する者にあっては，放射線取扱主任者を選任する必要はない。

6.8　工場等における特定放射性同位元素の防護のために講ずべき措置等

許可届出使用者及び許可廃棄業者は，特定放射性同位元素を工場又は事業所において取り扱う場合で政令で定める場合においては，原子力規制委員会規則で定めるところにより，施錠その他の方法による特定放射性同位元素の管理，特定放射性同位元素の防護上必要な設備及び装置の整備及び点検その他の特定放射性同位元素の防護のために必要な措置を講じなければならない（法律第 25 条の 3 第 1 項）。

原子力規制委員会に対して防護措置を実施するための手続きはないが，許可届出使用者及び許可廃棄業者としては，**付表 20** 別表第 1 又は別表第 2 に示すような特定放射性同位元素の保管又は使用をしようとする場合には，あらかじめ，以下(1)～(8)に示す特定放射性同位元素の防護のために講ずべき措置を**表 11** に示す区分別に施さなければならない（施行規則第 24 条の 2 の 2 第 1 項）。

表 11　特定放射性同位元素の防護のために講ずべき措置の区分

	区　　分	特定放射性同位元素の数量等
1	その放射線が発散された場合において極めて短時間に人の健康に重大な影響を及ぼすおそれがあるもの	**付表 20** 別表第 1 又別表第 2 に示す数量の 1000 倍以上のもの
2	その放射線が発散された場合において短時間に人の健康に重大な影響を及ぼすおそれがあるもの	**付表 20** 別表第 1 又別表第 2 に示す数量の 10 倍以上 1000 倍未満のもの及び非破壊検査装置
3	1 及び 2 以外のもの	**付表 20** 別表第 1 又別表第 2 に示す数量以上 10 倍未満のもの

特定放射性同位元素の防護のために講ずべき措置

⑴　特定放射性同位元素の使用・保管・保管廃棄する場所の定義となる放射性同位元素の使用をする室等について，防護区域を定めなければならない。

⑵　業務上防護区域に常時立ち入ろうとする者については，その身分及び当該防護区域の立入りの必要性を確認の上，当該者に立入りを認めたことを証明する書面等（以下「証明書等」という。）を発行すること。

⑶　防護区域への人の侵入を防止するため，防護区域の出入口に施錠すること。又は，防護区域の出入口及び当該防護区域に至る経路上に設けられた出入口に施錠すること。ただし，防護従事者に当該出入口を常時監視させる場合は施錠することを要しない（区分 1：2 つ以上)。

⑷　防護区域への人の侵入を監視するため「監視装置」を設置すること(区分 1，2 のみ)。ただし，当該防護区域において特定放射性同位元素の使用又は廃棄のための詰替えのみをする場合であって，2 人以上の防護従事者に同時に作業を行わせるのであれば監視装置の設置を要しない。

監視装置とは，

①人の侵入を確実に検知して直ちに表示するとともに，一定時間録画する機能を有する装置

②人の侵入を検知した場合に警報を発するとともに，あらかじめ指定した者に直ちにその旨を通報する機能を有する装置

それぞれの装置は，当該装置への不正な活動を検知し警報を発する機能を有するものに限る。

(5) 特定放射性同位元素を強固な障壁によって区画すること。特定放射性同位元素を容易に持ち出せないようにするための措置を講ずること（区分1，2：2つ以上）。

(6) 特定放射性同位元素の盗取が行われるおそれがあり，又は行われた場合における関係機関への連絡手段を備えること。当該連絡が速やかに行えるものでなければならない（区分1：2つ以上）。

(7) 特定放射性同位元素の防護のために必要な体制を整備すること。

(8) 特定放射性同位元素の盗取が行われるおそれがあり，又は行われた場合において確実にかつ速やかに対応するための手順書（以下「緊急時対応手順書」という。）を作成すること。

6.9 特定放射性同位元素防護規程

許可届出使用者及び許可廃棄業者は，法律第25条の3第1項の政令で定める場合においては，特定放射性同位元素を防護するため，原子力規制委員会規則で定めるところにより，特定放射性同位元素の取扱いを開始する前に特定放射性同位元素防護規程を作成し，施行規則第24条の2の3第2項の規定により「特定放射性同位元素防護規程届」（別記様式26の2）に当該規程を添えて，原子力規制委員会に届け出なければならない（法律第25条の4第1項）。

特定放射性同位元素防護規程に盛り込まなければならない事項としては，18の事項が定められているので，6.8で記載の特定放射性同位元素の区分の表の区分，かつ，特定放射性同位元素の防護の措置内容に応じて作成することとなる。記載事項については，後述の9.20で説明してあるので参照されたい。

原子力規制委員会は，特定放射性同位元素を防護するために必要があると認めるときは，許可届出使用者又は許可廃棄業者に対し，特定放射性同位元素防護規程の変更を命ずることができる（法律第25条の4第2項）。

6.10　特定放射性同位元素防護管理者

許可届出使用者及び許可廃棄業者は，法律第 25 条の 3 第 1 項の政令で定める場合においては，特定放射性同位元素の防護に関する業務を統一的に管理させるため，原子力規制委員会規則で定めるところにより，特定放射性同位元素の取扱いの知識その他について原子力規制委員会規則で定める要件を備える者のうちから，特定放射性同位元素防護管理者を選任しなければならない（法律第 38 条の 2 第 1 項）。

選任しなければならない特定放射性同位元素防護管理者の数は，1 工場若しくは 1 事業所又は 1 廃棄事業所につき少なくとも 1 人とする（施行規則第 38 条の 4 第 1 項）。

選任後，30 日以内に原子力規制委員会に届け出なければならない（法律第 38 条の 2 第 2 項）。

特定放射性同位元素防護管理者となるための要件は以下のとおりである（施行規則第 38 条の 5）。

⑴　事業所等において特定放射性同位元素の防護に関する業務を統一的に管理できる地位にある者であること。

⑵　放射性同位元素の取扱いに関する一般的な知識を有する者であること。

⑶　特定放射性同位元素の防護に関する業務に管理的地位にある者として 1 年以上従事した経験を有する者又はこれと同等以上の知識及び経験を有していると原子力規制委員会が認めた者であること。

特定放射性同位元素防護管理者の義務は，誠実にその職務を遂行することにあり，その職務とは，防護区域において特定放射性同位元素を防護すること，防護するための措置として設置した設備又は装置の維持，防護のための監督や指示を行うことである。原子力規制委員会は，特定放射性同位元素防護管理者が，この法律及びこの法律に基づく命令の規定に違反したときは，許可届出使用者又は許可廃棄業者に対し，特定放射性同位元素防護管理者の解任を命じることができる（法律第 38 条の 3 の準用による第 38 条の読み替え）。

7. 施 設 基 準

7.1 使用施設

使用施設の位置，構造，設備についての施設基準としては 10 項目が定められている。

なお，許可使用者のみ使用施設を設置することができる。

また，許可廃棄業者が放射性同位元素又は放射性汚染物の詰替えを行う廃棄物詰替施設の基準は，7.1.6，7.1.7及び7.1.8を除き，使用施設の基準を読み替えることによって準用することができる。

7.1.1 地崩れ及び浸水

使用施設は，地崩れ及び浸水のおそれの少ない場所に設けなければならない（施行規則第 14 条の 7 第 1 項第 1 号）。

7.1.2 耐火構造又は不燃材料

使用施設は，当該施設が建築基準法に規定する建築物又は居室である場合には，その主要構造部等を耐火構造，又は不燃材料で造らなければならない（施行規則第 14 条の 7 第 1 項第 2 号，建築基準法第 2 条）。

ここでいう主要構造部等とは，壁，柱，床，はり，屋根，階段，天井をいう。

ただし，下限数量に 1000 を乗じて得られる数量以下の密封された放射性同位元素のみの使用をする場合の使用施設には，耐火構造又は不燃材料で造ることを要しない（施行規則第 14 条の 7 第 4 項）。

7.1.3 遮蔽壁等

使用施設には，数量告示で規定する遮蔽物に係る線量限度（実効線量として）以下とするために必要な遮蔽壁，その他の遮蔽物を設けなければならない（施行規則第14条の7第1項第3号，数量告示第10条)。

ここでは，「必要な」と規定されているので，放射性同位元素を入れる容器，距離，使用時間，柵等の方法で線量限度以下にすることができるのであれば，特に遮蔽を設けなくてもよいことになる。

線量限度は以下のとおり。

(1) 使用施設内の人が常時立ち入る場所においては1 mSv/週

(2) 工場又は事業所の境界においては250 μSv/ 3月間

(3) 工場又は事業所内で人が居住する区域においては250 μSv/ 3月間

(4) 病院又は診療所（介護保険法で定める介護老人保健施設を除く。）の病室又は介護保険法で定める介護医療院の療養室においては1.3 mSv/ 3月間

7.1.4 作業室

密封されていない放射性同位元素を使用する場合は，(1)～(3)に示す基準の作業室を設け，使用しなければならない（施行規則第14条の7第1項第4号)。

(1) 作業室の内部の壁，床等で放射性同位元素によって汚染されるおそれのある部分は，突起物，くぼみ，仕上材の目地等のすきまの少ない構造とする。

(2) 作業室の表面（壁や床等）は，平滑であり，気体又は液体が浸透しにくく，腐食しにくい材料で仕上げる。

(3) 作業室に設けるフード，グローブボックス等の装置は，排気設備に連結する。

7.1.5 汚染検査室

密封されていない放射性同位元素を使用する場合は，(1)～(4)に示す基準の汚染検査室を設け，人体，作業衣，履物等人体に着用している物の表面の放射性同位元素による汚染の検査を行わなければならない（施行規則第

14 条の 7 第 1 項第 5 号)。

⑴　汚染検査室は，人が通常出入りする使用施設の出入口付近など，汚染検査にもっとも適した場所に設ける。

⑵　汚染検査室の内部の壁床等は 7.1.4 ⑴及び⑵の基準と同様とする。

⑶　汚染検査室には，洗浄設備，更衣設備，放射線測定器，汚染除去器材を備える。

⑷　汚染検査室の洗浄設備は，排水設備に連結する。

ただし，人体，作業衣，履物等人体に着用している物の表面の放射性同位元素による汚染が生じないように密閉された装置内で放射性同位元素の使用をする場合は汚染検査室を設置することを要しない（施行規則第 14 条の 7 第 5 項)。

7.1.6　自動表示装置

1 個又は 1 式で 400 GBq 以上の密封された放射性同位元素又は放射線発生装置を使用する室の人が通常出入りする出入口には，放射性同位元素又は放射線発生装置の使用中その旨を自動的に表示する装置を設けなければならない（施行規則第 14 条の 7 第 1 項第 6 号，数量告示第 11 条)。

通常は，放射性同位元素又は放射線発生装置の使用開始（駆動スイッチを入れる）と同時に「使用中」等の文字が点灯するようになっている。

7.1.7　インターロック

1 個又は 1 式で 100 TBq 以上の密封された放射性同位元素又は放射線発生装置を使用する室の人が通常出入りする出入口には，放射性同位元素又は放射線発生装置の使用中その室に人がみだりに入らないようにするためのインターロックを設けなければならない（施行規則第 14 条の 7 第 1 項第 7 号，数量告示第 12 条)。

ただし，当該室内において人が被ばくするおそれのある線量が線量限度（1 mSv/週）以下となるように遮蔽壁その他の遮蔽物を設置している場合は，インターロックの設置を要しない（施行規則第 14 条の 7 第 6 項)。

通常は，扉を閉鎖し，インターロックを作動させないと放射性同位元素又は放射線発生装置の使用開始ができないようになっている。また，放射性同位元素又は放射線発生装置の使用中に扉を開放した場合は，直ちに使用が停止し，自動復帰ができないようになっている。

7.1.8 放射化物の保管

放射線発生装置から発生した放射線により生じた放射線を放出する同位元素によって汚染された物（放射化物）を放射線発生装置等から取り外し，再び，放射線発生装置を構成する機器又は遮蔽体として用いるものを（一時的に）保管する場合には，(1)〜(3) に示す基準の放射化物保管設備を設けなければならない（施行規則第 14 条の 7 第 1 項第 7 号の 2）。

(1) 放射化物保管設備は，外部と区画された構造とする。

(2) 放射化物保管設備の扉，蓋等外部に通ずる部分には，鍵その他の閉鎖のための設備又は器具を設ける。

(3) 放射化物保管設備には，耐火性の構造で，かつ，7.2.4 (1) 及び (2) で示す基準に適合する容器を備える。ただし，放射化物が大型機械等であってこれを容器に入れることが著しく困難な場合においては，全体をシート等で覆うなど汚染の広がりを防止するための特別の措置を講じる。

7.1.9 管理区域の柵等

管理区域の境界には，みだりに人を立ち入らせないため，扉や柵等の施設を設けなければならない（施行規則第 14 条の 7 第 1 項第 8 号）。

7.1.10 標 識

放射性同位元素又は放射線発生装置の使用をする室，汚染検査室，放射化物保管設備，放射化物保管設備に備える容器及び管理区域の境界に設ける柵等の施設には，所定の標識（**付表 14** 参照）を付けなければならない（施行規則第 14 条の 7 第 1 項第 9 号）。

7.1.11 その他

7.1.2，7.1.3，7.1.5，7.1.7 に施設基準を除外する記述があるが，それ以外にも下記のような除外規定がある。

⑴　漏水の調査，昆虫の疫学的調査，原料物質の生産工程中における移動状況の調査等放射性同位元素を広範囲に分散移動させて使用し，かつ，その使用が一時的である場合には，全ての基準（7.1.1〜7.1.10）が適用されない。

⑵　密封された放射性同位元素又は放射線発生装置を随時移動させて使用（事業所内の使用の場所を随時移動させての使用及び法律第10条第6項で規定する使用の場所の一時的変更での使用）するときは，7.1.1，7.1.2，7.1.6，7.1.7の基準は適用されない。

7.2　貯蔵施設

貯蔵施設の位置，構造，設備についての施設基準としては7項目が定められている（施行規則第14条の9）。

許可廃棄業者が放射性同位元素及び放射性汚染物の貯蔵を行う廃棄物貯蔵施設の施設基準は，貯蔵施設の基準を読み替えることによって準用することができる。

7.2.1　地崩れ及び浸水

貯蔵施設は，地崩れ及び浸水のおそれの少ない場所に設けなければならない（施行規則第14条の9第1号）。

7.2.2　貯蔵室・貯蔵箱

貯蔵施設には，⑴及び⑵の基準に示す貯蔵室又は貯蔵箱を設けなければならない。

ただし，密封された放射性同位元素を耐火性の構造の容器に入れて保管する場合には，当該容器そのものが貯蔵施設となるため，貯蔵室又は貯蔵箱で保管することを要しない（施行規則第14条の9第2号）。

⑴　貯蔵室は，その主要構造部等を耐火構造とし，その開口部には，建築基準法施行令に規定する特定防火設備に該当する防火戸を設ける。

⑵　貯蔵箱は，耐火性の構造とすること。

7.2.3 遮蔽壁等

貯蔵施設には，数量告示で規定する遮蔽物に係る線量限度（実効線量として）以下とするために必要な遮蔽壁，その他の遮蔽物を設けなければならない（施行規則第14条の9第3号，数量告示第10条）。

施設基準の内容に関しては，7.1.3と同じである。

7.2.4 放射性同位元素の保管

貯蔵施設には，(1)〜(3)の基準に示す放射性同位元素を入れる容器等を備えなければならない（施行規則第14条の9第4号）。

(1) 容器の外における空気を汚染するおそれのある放射性同位元素を入れる容器は，気密な構造とする。

(2) 液体状の放射性同位元素を入れる容器は，液体がこぼれにくい構造とし，かつ，液体が浸透しにくい材料を用いる。

(3) 液体状又は固体状の放射性同位元素を入れる容器で，亀裂，破損等の事故の生ずるおそれのあるものには，受皿，吸収材その他放射性同位元素による汚染の広がりを防止するための施設又は器具を設ける。

7.2.5 閉鎖のための設備等

貯蔵施設の扉，蓋等外部に通ずる部分には，鍵その他の閉鎖のための設備又は器具を設けなければならない（施行規則第14条の9第5号）。

7.2.6 管理区域の柵等

管理区域の境界には，みだりに人を立ち入らせないため，扉や柵等の施設を設けなければならない（施行規則第14条の9条第6号）。

7.2.7 標　識

貯蔵室，貯蔵箱，放射性同位元素を入れる容器（耐火性の構造の容器を含む。）及び管理区域の境界に設ける柵等の施設には，所定の標識（**付表14**参照）を付けなければならない（施行規則第14条の9第7号）。

7.3 廃棄施設

廃棄施設の位置，構造，設備についての施設基準としては 10 項目が定められている（施行規則第 14 条の 11 第 1 項）。

7.3.1 地崩れ及び浸水

廃棄施設は，地崩れ及び浸水のおそれの少ない場所に設けなければならない（施行規則第 14 条の 11 第 1 項第 1 号）。

7.3.2 耐火構造又は不燃材料

廃棄施設は，その主要構造部等を耐火構造，又は不燃材料で造らなければならない（施行規則第 14 条の 11 第 1 項第 2 号，建築基準法第 2 条）。

ここでいう主要構造部等とは，壁，柱，床，はり，屋根，階段をいう。

7.3.3 遮蔽壁等

廃棄施設には，数量告示で規定する遮蔽物に係る線量限度（実効線量として）以下とするために必要な遮蔽壁，その他の遮蔽物を設けなければならない（施行規則第 14 条の 9 第 3 号，数量告示第 10 条）。

施設基準の内容に関しては，7．1．3 と同じである。

7.3.4 排気設備

密封されていない放射性同位元素等の使用若しくは詰替えをする場合又は放射線発生装置から発生した放射線により生じた放射線を放出する同位元素の濃度が原子力規制委員会の定める濃度限度を超えるおそれのある放射線発生装置を使用する場合は，(1)〜(5) に示す基準の排気設備を設けなければならない（施行規則第 14 条の 11 第 1 項第 4 号）。

ただし，排気設備を設けることが，著しく使用の目的を妨げ，若しくは作業の性質上困難である場合であって，放射性同位元素によって空気を汚染するおそれのないときは，排気設備の設置を要しない（施行規則第 14 条の 11 第 1 項第 4 号ただし書き）。

⑴ 密封されていない放射性同位元素等の使用又は詰替えに係る排気設備は，作業室又は廃棄作業室内の人が常時立ち入る場所における空気中の放射性同位元素の濃度を原子力規制委員会が定める濃度限度（**付表 8** 第 4 欄参照）以下にする能力を有すること。

⑵ 放射線発生装置の使用に係る排気設備は，当該放射線発生装置の運転を停止している期間（当該放射線発生装置の使用をする室内に人がみだりに入ることを防止するインターロックを設ける場合にあっては，当該インターロックにより人を立ち入らせないこととしている期間を除く。）における当該放射線発生装置の使用をする室内の空気中において，当該放射線発生装置から発生した放射線により生じた放射線を放出する同位元素の濃度を原子力規制委員会が定める濃度限度以下とする能力を有すること。

⑶ 排気設備は，(i)〜(iii) のいずれかの基準に該当するものであること。

(i) 排気口における排気中の放射性同位元素の濃度を原子力規制委員会が定める濃度限度（**付表 8** 第 5 欄参照）以下にする能力を有すること。

(ii) 排気監視設備を設けて排気中の放射性同位元素の濃度を監視することにより，事業所等の境界の外の空気中の放射性同位元素の濃度を原子力規制委員会が定める濃度限度以下とする能力を有すること。

(iii) (i) 又は (ii) の能力を有する排気設備を設けることが著しく困難な場合は，排気設備が事業所等の境界の外における線量を原子力規制委員会の定める線量限度（1 mSv/年）以下とする能力を有することについて，原子力規制委員会の承認を受けていること。

⑷ 排気設備は，排気口以外から気体が漏れにくい構造とし，かつ，腐食しにくい材料を用いる。

⑸ 排気設備には，その故障が生じた場合において放射性同位元素によって汚染された空気の広がりを急速に防止することができる装置を設けること。

7.3.5 排水設備

液体状の放射性同位元素等を浄化し，又は排水する場合には，⑴〜⑶ に示す基準の排水設備を設置しなければならない（施行規則第 14 条の 11 第 1 項第 5 号)。

(1) 排水設備は, (i)～(iii) のいずれかの基準に該当するものであること。

(i) 排水口における排液中の放射性同位元素の濃度を原子力規制委員会が定める濃度限度（**付表 8** 第 6 欄参照）以下とする能力を有すること。

(ii) 排水監視設備を設けて排水中の放射性同位元素の濃度を監視することにより, 事業所等の境界における排水中の放射性同位元素の濃度を原子力規制委員会が定める濃度限度以下とする能力を有すること。

(iii) (i) 又は (ii) の能力を有する排水設備を設けることが著しく困難な場合にあっては, 排水設備が事業所等の境界の外における線量を原子力規制委員会の定める線量限度（1 mSv/年）以下とする能力を有することについて, 原子力規制委員会の承認を受けていること。

(2) 排水設備は, 排液が漏れにくい構造とし, 排液が浸透しにくく, かつ, 腐食しにくい材料を用いる。

(3) 排水浄化槽は, 排液を採取することができる構造又は排液中における放射性同位元素の濃度を測定することができる構造, 排液の出口には, 排液の流出を調節する装置の設置, 上部の開口部は, 蓋のできる構造とし, また, 周囲に柵その他の人がみだりに立ち入らないようにするための施設を設ける。

補足説明

排気設備は, 作業室内等の, 人が常時立ち入る場所における空気中の放射性同位元素の濃度を, 空気中濃度限度以下にすることができる能力を持つこと及び排気口における排気中の放射性同位元素の濃度を, 排気中の濃度限度以下にすることができる能力を持つことが必要となる。排気設備には, 故障しても汚染空気が広がらないよう, それを急速に防止できる装置（逆流防止ダンパー等）を設けることが必要になる（施行規則第 14 条の 11 第 1 項第 4 号）。

法令上, 排水設備に関する濃度限度は 3 月間の平均濃度となっている。しかしながら，実際の排水に際しては，排水の都度排液中の放射性同位元素の濃度を測定し，排水中の濃度限度以下であることを確認したうえで放流している。

7.3.6 焼却炉等

放射性同位元素等を焼却する場合には，(1)〜(3) に示す基準の焼却炉を設けなければならない。焼却炉の設置に伴い，排気設備，廃棄作業室及び汚染検査室が必要になる（施行規則第 14 条の 11 第 1 項第 6 号）。

(1) 焼却炉は，気体が漏れにくく，灰が飛散しにくい構造とする。

(2) 焼却炉は，排気設備に連結された構造とする。

(3) 焼却残渣の搬出口は廃棄作業室に連結する。

7.3.7 固型化処理設備

放射性同位元素等をコンクリートその他の固型化材料により固型化する場合には，(1) 及び (2) に示す基準の固型化処理設備を設けなければならない。固型化処理設備の設置に伴い，排気設備，廃棄作業室及び汚染検査室が必要になる（施行規則第 14 条の 11 第 1 項第 7 号）。

(1) 固型化処理設備は，放射性同位元素等が漏れ，又はこぼれにくく，かつ，粉じんが飛散しにくい構造とする。

(2) 固型化処理設備は，液体が浸透しにくく，かつ，腐食しにくい材料を用いる。

7.3.8 保管廃棄設備

放射性同位元素等を保管廃棄する場合には，(1)〜(3) に示す基準の保管廃棄設備を設けなければならない（施行規則第 14 条の 11 第 1 項第 8 号）。

(1) 保管廃棄設備は，外部と区画された構造とする。

(2) 保管廃棄設備の扉，蓋等外部に通ずる部分には，鍵その他の閉鎖のための設備又は器具を設ける。

(3) 保管廃棄設備には，耐火性の構造で，かつ，7.2.4 (1) 及び (2) で示す基準に適合する容器を備える。ただし，放射性汚染物が大型機械等であってこれを容器に入れることが著しく困難な場合においては，全体をシートで覆うなど汚染の広がりを防止するための特別の措置を講じる。

7.3.9　管理区域の柵等

管理区域の境界には，みだりに人を立ち入らせないため，扉や柵等の施設を設けなければならない（施行規則第14条の11第9号）。

7.3.10　標　識

排気設備，排水設備，廃棄作業室，汚染検査室，保管廃棄設備，保管廃棄設備に備える容器及び管理区域の境界に設ける柵等の施設には，所定の標識（**付表14**参照）を付けなければならない（施行規則第14条の11第10号）。

7.4　廃棄物埋設地に係る廃棄施設の基準

放射性同位元素又は放射性汚染物の埋設の方法による最終的な処分を行うための廃棄物埋設地に係る廃棄施設の位置，構造及び設備についての施設基準としては5項目が定められている（施行規則第14条の11第3項）。

(1)　廃棄物埋設地は，地崩れ及び浸水のおそれの少ない場所に設けなければならない（施行規則第14条の11第3項第1号）。

(2)　廃棄物埋設地には，数量告示で規定する遮蔽物に係る線量限度（実効線量として）以下とするために必要な遮蔽壁，その他の遮蔽物を設けなければならない（施行規則第14の11第3項第2号，数量告示第10条）。

施設基準の内容に関しては，7.1.3と同じである。

(3)　外周仕切設備を設ける場合には，(i)及び(ii)の基準に適合しなければならない（施行規則第14条の11第3項第3号）。

(i)　自重，土圧，地震力等に対して構造耐力上安全であること。

(ii)　地表水，地下水及び土壌の性状に応じた有効な腐食防止のための措置が講じられていること。

⑷　管理区域の境界には，みだりに人を立ち入らせないため，扉や柵等の施設を設けなければならない(施行規則第 14 条の 11 第 3 項第 4 号)。

⑸　管理区域の境界に設ける柵等の施設には,所定の標識(**付表 14** 参照)を付けなければならない（施行規則第 14 条の 11 第 3 項第 5 号)。

8. 取り扱いの基準

放射線障害の防止は，放射線施設を法令等で定められた施設基準に従って造り，その基準に適合するよう常に維持するとともに，放射性同位元素等を使用・保管・運搬・廃棄する場合には，定められた行為基準に従って実施することにより，行わなければならない。

この行為基準には使用の基準，保管の基準，運搬の基準，廃棄の基準がある。以下，これについて述べる。

8.1 使用の基準

許可届出使用者が，放射性同位元素又は放射線発生装置を使用する場合には，使用の技術上の基準に従って行わなければならないが，この基準は次の(1)〜(20)までのとおりである（法律第15条，施行規則第15条）。

(1) 放射性同位元素又は放射線発生装置の使用は使用施設において行う。
　ただし，届出使用者が密封された放射性同位元素の使用をする場合又は許可使用者が，非破壊検査などの使用の目的のため非破壊検査装置又は放射線発生装置を一時的に使用の場所を変更して使用する場合並びに漏水の調査などのため放射性同位元素を広範囲に分散移動させ，かつ，その使用が一時的である場合には適用されない。

(2) 密封されていない放射性同位元素の使用は，作業室において行う。

(3) 密封された放射性同位元素は，次の(i)及び(ii)に適合する状態において使用する。

(i) 正常な使用状態においては，開封又は破壊されるおそれのないこと。

(ii) 密封された放射性同位元素が漏えい，浸透等により散逸して汚染するおそれのないこと。

⑷　放射線業務従事者の線量は，(i)〜(iii) のいずれかを講ずることにより，実効線量限度及び等価線量限度を超えないようにする。

(i)　遮蔽壁又は遮蔽物を用いることにより放射線に対する遮蔽を行う。

(ii)　遠隔操作装置，かん子等を用いることにより放射性同位元素又は放射線発生装置と人体との間に適切な距離を設ける。

(iii)　人体が放射線に被ばくする時間を短くする。

⑸　インターロックを設けた使用室には，放射性同位元素又は放射線発生装置の使用中に人が通常出入りしない出入口の扉（物の搬入口，非常口等）を室外から開閉できないようにするとともに，誤ってその室に人が閉じ込められた場合に，速やかに脱出できるようにするための措置を講じる。

⑹　作業室内又は放射線発生装置を使用する室において人が呼吸する空気（作業室内等の空気）中の放射性同位元素の濃度は，汚染された空気の浄化，排気により，空気中濃度限度を超えないようにする。

⑺　作業室内での飲食及び喫煙は禁止する。

⑻　作業室又は汚染検査室内の人が触れる物の表面の放射性同位元素の密度は，その表面の汚染の除去又は触れる物を廃棄することにより表面密度限度を超えないようにする。

⑼　作業室内で作業する場合には，作業衣，保護具等を着用して作業し，これらを着用したままみだりに作業室から出ないようにする。

⑽　作業室から退出するときは，人体及び作業衣，履物等の表面の放射性同位元素による汚染を検査し，汚染があったときはその除染を行うようにする。

⑾　放射性同位元素によって汚染された物で，その表面の放射性同位元素の密度が表面密度限度を超える物は，みだりに作業室から持ち出さないようにする。

⑿　表面密度限度の 1/10（数量告示第 16 条）を超えている物は，管理区域からみだりに持ち出さないようにする。

⒀　陽電子断層撮影用放射性同位元素（不純物を除去する装置等を使用することにより製造されたもので，かつ，原子力規制委員会が定めた 1 日最大使用数量以下（数量告示第 16 条の 2）である場合に限る。）

を人以外の生物に投与した場合には，当該生物及びその排出物については，原子の数が 1 を下回ることが確実な期間（7 日間）を超えて保管した後でなければ，管理区域から持ち出さないようにする。

(14) 非破壊検査等で 400 GBq 以上の放射性同位元素装備機器を一時的に使用の場所を変更して使用をする場合には，当該機器に放射性同位元素の脱落防止装置が備えられていなければならない。

(15) 非破壊検査等の使用の目的で放射性同位元素又は放射線発生装置を一時的に使用の場所を変更して使用する場合には，放射線取扱主任者免状（放射性同位元素の場合は第 1 種又は第 2 種，放射線発生装置の場合は第 1 種）を有する者の指示の下に実施する。

(16) 使用施設，汚染検査室及び管理区域等の目につきやすい場所に，放射線障害の防止に必要な注意事項を掲示する。一時的に使用の場所を変更して使用する場合にも注意事項を掲示する。

(17) 管理区域には，人がみだりに立ち入らないような措置を講じる。

また，放射線業務従事者以外の者が管理区域に立ち入るときは，放射線業務従事者の指示に従わせるようにする。

(18) 届出使用者が放射性同位元素を使用する場合及び許可使用者が放射性同位元素又は放射線発生装置を非破壊検査等の使用の目的で一時的に使用の場所を変更して使用する場合には，その管理区域に所定の標識を付ける。

(19) 密封された放射性同位元素を移動させて使用した後は，直ちに放射線測定器を用いて，紛失，漏えい等の異常の有無を点検し，異常が判明したときは，探査その他放射線障害の防止に必要な措置を講じる。

(20) 許可使用者が使用施設の外（申請書で示した管理区域の外の使用の場所）で，1 日につき下限数量を超えない数量（総量として）の密封されていない放射性同位元素の使用をする場合には，(1)，(2)，(4) は適用されない。

補足説明

(1) のただし書きは，非破壊検査等の使用の目的で密封された放射性同位元素又は放射線発生装置を一時的に使用の場所を変更して使用する場合（法律第 10 条第 6 項），漏水の調査，昆虫の疫学的調査，原料物質中の生産工程中における移動状況の調査等，密封されていない放射性同位元素を広範囲に分散移動して使用し，その使用が一時的である場合又は届出使用者が密封された放射性同位元素を使用する場合にあっては，使用施設内で使用することの限定から除外するものである。

(2) は，密封されていない放射性同位元素を使用する場合にあっては，(1) に加えて，さらに使用の場所を作業室に限定している。

(3) は，密封された放射性同位元素は通常（i）及び（ii）に適合するように製作されており，正常な使用状態においては，使用の基準を満足するようになっている。

(4) は，放射線被ばくを少なくするための三原則，この中の適切な方法を組み合わせて行うとよい。なお，放射線業務従事者の実効線量限度及び等価線量限度については，4.17 を参照されたい。

(5) のインターロックは，密封された放射性同位元素（100 TBq 以上）又は放射線発生装置を使用する場合に通常の出入口に設置することが定められている。インターロックは装置等の使用中に人がみだりに入らないようにするとともに，誤って人が室に閉じ込められた場合に室中から速やかに脱出できるように定めたものである。

〈参考〉密封された放射性同位元素（400 GBq 以上）又は放射線発生装置を使用する場合に通常の出入口に設置することが定められている自動表示装置に関しては，使用施設の基準であって，行為基準としては特に定められていない。

(6) は，作業室又は放射線発生装置を使用する室においては，室内空気を浄化又は排出（排気設備）することにより，当該室内の空気が空気中濃度限度を超えないようにすることを定めたものである。なお，空気中濃度限度については，4.18 を参照されたい。

⑺ は，放射性同位元素の経口摂取及び吸入摂取を防止するため，作業室内での飲食及び喫煙を禁止することを定めたものである。

⑻ は，作業室又は汚染検査室内においては，人が触れる物の表面の放射性同位元素の密度が表面密度限度を超えないように保たなければならないことを定めたもので，そのためには，常に放射性同位元素等による汚染が生じないように注意することはもちろんのこと，放射線作業終了時には放射線測定器を用いて汚染の検査を行い，汚染が発見されたときには，その除去等を行わなければならない。

⑼ は，放射線作業中に人体等への汚染を防ぐために作業衣などを着用すること，被ばくを少なくするために防護具を着用すること及び作業衣等を着用したまま作業室の外へ出ることを禁じることにより，汚染の広がり及び過剰な被ばくを防止するために定めたものである。

⑽ は，人体又は作業衣等の表面の汚染を検査し，汚染が発見された場合にはその汚染を除去することにより，人体を放射線障害から守るとともに，作業室の外への汚染の広がりを防止するために定めたものである。

⑾ と ⑿ は，作業室又は管理区域から持ち出す物の表面密度について定めたもので，表面密度限度以下のものでなければ，作業室からみだりに持ち出してはならない。また，表面密度限度の 1/10 以下のものでなければ，管理区域からみだりに持ち出してはならないことを示している。⑻ を含め，表面密度限度に関しては，4.20 を参照されたい。

⒀ は，陽電子断層撮影用放射性同位元素を投与した動物又は動物の排泄物に関して管理区域から持ち出すときの放射性同位元素の数について定めたものである。管理区域の外への持出しは，原子の数が 1 を下回ることが条件であるが，法令では 7 日間を超えて保管することになっている。

⒁ は，非破壊検査等の目的で，一時的に使用の場所を変更して使用する場合において，400 GBq 以上の密封された放射性同位元素を装備した機器を使用する場合は，当該機器から線源が脱落して，紛失等の事故が生じないように，脱落の防止の機能を有するものであることを定めたものである。

⒂ は，非破壊検査等で，密封された放射性同位元素又は放射線発生装置を一時的に使用の場所を変更して使用するときには，当該使用の場所において，前者の場合には第 1 種又は第 2 種放射線取扱主任者の有資格者を，後者

の場合には第1種放射線取扱主任者の有資格者の指示の下で作業を安全に行うことを定めたものである。

⒃は，放射線障害防止のための注意事項を，使用施設又は管理区域の出入口の付近に掲示することを定めたものであり，放射線業務従事者，取扱等業務に従事する者，見学者等の一時立入者が不測の事故を起こさないようにするものである。掲示する注意事項の内容としては，放射線業務従事者等に対する使用上の注意事項，さらに，一時立入者に対する施設に立ち入る際の注意事項となる。

⒄は，管理区域には扉や柵等を設け，無用の者が立ち入らないようにする。さらに，一時立入者が管理区域に立ち入る場合には，放射線業務従事者の指示に従わせることを定めたものである。

⒅は，届出使用者に対して管理区域（使用の場所）についての標識の設置，非破壊検査等で，密封された放射性同位元素又は放射線発生装置を一時的に使用の場所を変更して使用するときの，当該管理区域（使用の場所）における標識の設置を義務づけたものである。いずれの場合も，使用施設での使用には当たらないので，使用の基準の中で標識を規定している。

⒆は，密封された放射性同位元素（線源）を移動させて使用した場合に当該機器を放射線測定器により点検することを義務づけたものである。線源が紛失していれば放射線測定器は反応を示さない。密封が壊れていて放射性同位元素が漏えいしていれば，放射線測定器は通常と異なった数値を示す可能性が高い。この場合には，線源の探査，発見した線源を別の容器に格納，封入するなど，必要な措置を講じなければならない。密封された放射性同位元素を移動させて使用する場合は，固定して使用する場合に比べて線源の紛失等の事故の発生確率が高くなる。

⒇は，下限数量以下の密封されていない放射性同位元素の管理区域の外での使用に関する除外規定を定めたもので，この管理区域の外における使用の場所においては，使用施設での使用，作業室での使用，従事する者に対する放射線管理が課せられないことになる。当該使用の場所においては，下限数量か1日最大使用数量のどちらか少ない数量での使用に限る。また2核種以上を使用する場合は，それぞれの核種について下限数量との比を求め，その比の和が1を超えないことが使用できる条件となる。

〈追加事項〉

放射化物を保管又は保管廃棄するために加工する行為を行う場所においては使用の基準が課せられる。当該場所に関しては，(1)，(4)，(7)，(9)，(10) 及び (12) の使用の基準の他，以下の基準が課せられている。

(1) 敷物，受皿その他の器具を用いることにより，放射線を放出する同位元素による汚染の広がりを防止すること。

(2) 作業の終了後，当該作業により生じた汚染を除去すること。

放射線発生装置使用室又は管理区域内の所定の場所で加工することが原則となる。

8.2 保管の基準

許可届出使用者及び許可廃棄業者が，放射性同位元素又は放射性汚染物を保管する場合には，保管の基準に従って行わなければならないが，この基準は，次の (1)～(11) までのとおりである（法律第 16 条，施行規則第 17 条）。

ただし，許可廃棄業者の場合には「放射性同位元素」を「放射性同位元素等」と，「貯蔵施設」を「廃棄物貯蔵施設」と読み替える。

なお，届出販売業者及び届出賃貸業者が，放射性同位元素及び放射性汚染物の保管をしようとする場合は，許可届出使用者に保管を委託しなければならない（法律第 16 条第 3 項）。

(1) 放射性同位元素を保管する場合には，これを容器に入れ，かつ，貯蔵室又は貯蔵箱で保管する。ただし，密封された放射性同位元素を耐火性の構造の容器に入れて保管する場合には貯蔵施設（非破壊検査等の使用の目的で一時的に使用の場所の変更の届け出をしている場合にあっては，当該使用の場所を含む。）において保管する。

(2) 貯蔵能力を超えて放射性同位元素を貯蔵しないようにする。

(3) 放射線業務従事者の線量は，(i)～(iii) のいずれかを講ずることにより，実効線量限度及び等価線量限度を超えないようにする。

(i) 遮蔽壁又は遮蔽物を用いることにより放射線に対する遮蔽を行う。

(ii) 遠隔操作装置，かん子等を用いることにより放射性同位元素又は放射化物と人との間に適切な距離を設ける。

(iii) 人体が放射線に被ばくする時間を短くする。

(4) 放射性同位元素を保管している貯蔵箱及び耐火性の構造の容器はみだりに持ち運ぶことができないように，貯蔵箱等を固定する等の措置を講じる。

(5) 貯蔵施設内の人が呼吸する空気中の放射性同位元素の濃度は，空気中濃度限度を超えないようにする。

(6) 貯蔵施設に立ち入る者が，経口摂取するおそれのある場所での飲食及び喫煙を禁止する。

(7) 貯蔵施設内の人が触れる物の表面の放射性同位元素の密度は，次の(i)及び(ii)の措置を講じることにより表面密度限度を超えないようする。

(i) 液体状の放射性同位元素は，液体がこぼれない構造で，かつ，液体が浸透しにくい材料を用いた容器に入れること。

(ii) 液体状又は固体状の放射性同位元素を入れた容器が，亀裂，破損等による事故の生じるおそれのあるものにあっては，汚染の広がりを防止するため，受皿，吸収材，器具等を用いること。

(8) 放射化物のうち，再び放射線発生装置を構成する機器又は遮蔽体として用いるものの保管は，(i)又は(ii)に掲げるいずれかの方法により行う。

(i) 容器に入れ，かつ，放射化物保管設備において保管する。

(ii) 放射化物が大型機械等であって，これを容器に入れることが著しく困難な場合には，全体をシートで覆うなど汚染の広がりを防止するための特別の措置を講じたうえで，放射化物保管設備において保管する。

(9) 表面密度限度の1/10（数量告示第16条）を超えている物は，管理区域からみだりに持ち出さないようにする。

(10) 貯蔵施設の目につきやすい場所に，放射線障害の防止に必要な注意事項を掲示する。

(11) 管理区域には，人がみだりに立ち入らないような措置を講じる。また，放射線業務従事者以外の者が管理区域に立ち入るときには，放射線業務従事者の指示に従わせるようにする。

補足説明

⑴は，放射性同位元素を保管する場所に関するもので，貯蔵室又は貯蔵箱において行うことに限定している。一方，密封された放射性同位元素で耐火性の構造の容器に収納されているものに関しては，当該容器そのものが貯蔵施設になり得る。従って，当該容器はそのままで保管の基準に該当していることとなり，貯蔵室又は貯蔵箱で保管する必要がないことになる。また，法律第 10 条第 6 項の規定により許可使用者が使用の場所を一時的に変更して使用する場合にあっては，当該使用の場所等において，耐火性の構造の容器のまま保管することができることになっている。

⑵に記述の貯蔵能力は，許可証に記載又は使用の届書に記載した貯蔵能力をいう。

⑶は，放射線被ばくを少なくするための三原則，この中の適切な方法を組み合せて行うとよい。なお，放射線業務従事者の実効線量限度及び等価線量限度については，4.17 を参照されたい。

⑷は，貯蔵箱又は耐火性の構造の容器に鍵を掛けたとしても，貯蔵箱又は耐火性の構造の容器ごと持ち出されるおそれがあるので，これらについては容易に持ち運ばれないような措置を講じることを定めている。例えば，貯蔵箱等を建物に固定するとか，貯蔵箱等が設置されている室に鍵を掛けるなどの措置を講じなければならない。

⑸は，気体状，揮発性又は粉末状の密封されていない放射性同位元素を保管する貯蔵室内又は貯蔵箱が設置されている室においては，室内空気を浄化又は排出（排気設備）することにより，当該室内の空気が空気中濃度限度を超えないようにすることを定めたものである。なお，空気中濃度限度については，4.18 を参照されたい。

⑹は，放射性同位元素の経口摂取又は吸入摂取を防止するため，貯蔵室内又は貯蔵箱が設置されている室内での飲食及び喫煙を禁止することを定めたものである。

⑺は，貯蔵施設内（貯蔵室内又は貯蔵箱が設置されている室内）においては，人が触れる物の表面の放射性同位元素の密度が表面密度限度を超えないように保たなければならないことを定めたものである。通常，貯蔵室内で放射性同位元素が入っている容器を開封することはないが，容器の不具合によっては汚染が生じる可能性がある。その防止のための容器の基準，万が一容器に不具合が生じた場合の措置の基準である。

⑻は，放射線発生装置本体から取り出した放射化物，放射線発生装置以外から取り外した放射化物で，再び放射線発生装置に組み込んだり，遮蔽体等として用いることを目的として，当該放射化物を保管するときの基準を定めたものである。放射化物は，耐火性の構造の容器に詰めたうえ放射化物保管設備内で保管する。また，大型の放射化物で当該容器に入らないものにあっては，シート等で放射化物全体を覆ったうえで放射化物保管設備内で保管することになる。

⑼は，管理区域から持ち出すものの表面密度について定めたもので，表面密度限度の 1/10 以下のものでなければ，管理区域からみだりに持ち出してはならないことを示している。⑺を含め，表面密度限度については，4.20 を参照されたい。

⑽は，放射線障害防止のための注意事項を，貯蔵施設（貯蔵室，貯蔵箱が設置されている室又は耐火性の構造の容器のある場所）の付近に掲示することを定めたものであり，放射線業務従事者，取扱等業務に従事する者，見学者等の一時立入者が不測の事故を起こさないようにするものである。掲示する注意事項の内容としては，放射線業務従事者等に対する保管上の注意事項，さらに，一時立入者に対する施設に立ち入る際の注意事項となる。

⑾は，管理区域には扉や柵等を設け，無用の者が立ち入らないようにする。さらに，一時立入者が管理区域に立ち入る場合には，放射線業務従事者の指示に従わせることを定めたものである。

8.3 運搬の基準

放射性同位元素等の運搬は，工場又は事業所内において運搬する場合（以下「事業所内運搬」という。）と工場又は事業所の外において運搬する場合（以下「事業所外運搬」という。）に分けられている。事業所外運搬には，陸上輸送，海上輸送，航空輸送，郵便の各輸送モードがあり，全ての輸送モードごとに**表12**に示す放射性輸送物の輸送規則が定められている。

8.3.1 事業所内運搬

許可届出使用者及び許可廃棄業者が，放射性同位元素又は放射性汚染物（以下，事業所内運搬では「放射性同位元素等」という。）を事業所内で運搬する場合においては，以下に示す技術上の基準に従って放射線障害の防止のために必要な措置を講じなければならない（法律第17条，施行規則第18条）。

(1) 放射性同位元素等を運搬する場合は，これを容器に封入すること。ただし，次に掲げる場合には，この限りではない。

イ 放射性汚染物（放射性同位元素の濃度が原子力規制委員会の定める濃度を超えない*）であって放射性同位元素の飛散又は漏えいの防止等の措置を講じたものを運搬する場合

ロ 放射性汚染物であって大型機械等容器に封入して運搬することが著しく困難なものを原子力規制委員会の承認を受けた措置を講じて運搬する場合

(2) 前号の容器は，次の基準に適合するものであること。

① 外接する直方体の各辺が 10 cm 以上であること。

② 容易に，かつ，安全に取り扱うことができること。

③ 運搬中に予想される温度及び内圧の変化，振動等により，亀裂・破損等の生ずるおそれがないこと。

(3) 放射性同位元素等を封入した容器及びこれを積載した車両その他の

---

* 放射性同位元素等の工場又は事業所における運搬に関する技術上の基準に係る細目等を定める告示（昭和56年5月16日科学技術庁告示第10号，以下「事業所内運搬告示」という。）第2条（1 g 当たりA_2値の1万分の1）

表 12　我が国の放射性輸送物の輸送規則

放射性同位元素等の規制に関する法律（昭和 32 年法律第 167 号）	放射性同位元素等の規制に関する法律施行規則（昭和 35 年総理府令第 56 号）	放射線を放出する同位元素の数量等を定める告示（平成 12 年科学技術庁告示第 5 号）
	放射性同位元素等の運搬の届出等に関する内閣府令（昭和 56 年総理府令第 30 号）	放射性同位元素等の工場又は事業所における運搬に関する技術上の基準に係る細目等を定める告示（昭和 56 年科学技術庁告示第 10 号）
		放射性同位元素等の工場又は事業所の外における運搬に関する技術上の基準に係る細目等を定める告示（平成 2 年科学技術庁告示第 7 号）
	放射性同位元素等車両運搬規則（昭和 52 年運輸省令第 33 号）	放射性同位元素等車両運搬規則の細目を定める告示（平成 2 年運輸省告示第 595 号）
	放射性同位元素等の事業所外運搬に係る危険時における措置に関する規則（昭和 56 年運輸省令第 22 号）	
船舶安全法（昭和 8 年法律第 11 号）	危険物船舶運送及び貯蔵規則（昭和 32 年運輸省令第 30 号）	船舶による放射性物質等の運送基準の細目等を定める告示（昭和 52 年運輸省告示第 585 号）
		船舶による危険物の運送基準等を定める告示（昭和 54 年運輸省告示第 549 号）
航空法（昭和 27 年法律第 231 号）	航空法施行規則（昭和 27 年運輸省令第 56 号）	航空機による放射性物質等の運送基準を定める告示（平成 13 年国土交通省告示第 1094 号）
郵便法（昭和 22 年法律第 165 号）		郵便法第 12 条第 1 号の爆発性，発火性その他の危険性のある物指定の件（昭和 22 年逓信省告示第 384 号）

放射性同位元素等を運搬する機械又は器具等（車両等）の表面及び表面から 1 m 離れた位置における 1 cm 線量当量率がそれぞれ原子力規制委員会の定める 1 cm 線量当量率*を超えないようにし，かつ，運搬物の表面の放射性同位元素の密度が表面密度限度の 10 分の 1 を超えないようにすること。

⑷ 運搬物の車両等への積付けは，運搬中において移動，転倒，転落等により運搬物の安全性が損なわれないように行うこと。

⑸ 運搬物は，同一の車両等に原子力規制委員会の定める危険物（火薬，高圧ガス等）と混載しないこと。

⑹ 運搬物の運搬経路においては，標識の設置，見張人の配置等の方法により，運搬に従事する者以外の者及び運搬に使用される車両以外の車両の立入りを制限すること。

⑺ 車両により運搬物を運搬する場合は，車両を徐行させること。

⑻ 放射性同位元素等の取扱いに関し相当の知識及び経験を有する者を同行させ，放射線障害の防止のため必要な監督を行わせること。

⑼ 運搬物及びこれらを運搬する車両等の適当な箇所に標識を取り付けること。

⑽ ⑵ 又は ⑶ の措置を講ずることが著しく困難なときは，原子力規制委員会の承認を受けた措置を講ずることをもってこれに代えることができる。

⑾ ⑴ から ⑶ まで及び ⑹ から ⑼ までの規定は，管理区域内の運搬については，適用しない。

⑿ ⑴ から ⑼ までの規定は，放射性同位元素等を使用施設，廃棄物詰替施設，貯蔵施設，廃棄物貯蔵施設又は廃棄施設内で運搬する場合その他運搬する時間が極めて短く，かつ，放射線障害のおそれのない場合には，適用しない。

⒀ 許可届出使用者，許可廃棄業者は，運搬物の運搬に関し事業所外運

---

* 事業所内運搬告示 第 4 条
- 運搬物の表面における 1 cm 線量当量率：2 mSv/h
- 運搬物の表面から 1 m 離れた位置における 1 cm 線量当量率：100 μSv/h
- 車両の表面における 1 cm 線量当量率：2 mSv/h
- 車両の表面から 1 m 離れた位置における 1 cm 線量当量率：100 μSv/h

搬の技術上の基準に従って放射線障害の防止のために必要な措置を講じた場合には，(1) から (9) までの規定にかかわらず，運搬物を事業所等の区域内において運搬することができる。

8.3.2　事業所外運搬

許可届出使用者，届出販売業者，届出賃貸業者及び許可廃棄業者並びにこれらの者から運搬を委託された者（以下「許可届出使用者等」という。）は，事業所外運搬を行う場合（船舶又は航空機により運搬する場合を除く。）においては，車両運搬時の放射性輸送物の基準及び簡易運搬の基準については「施行規則第 18 条の 2 から第 18 条の 20」に，車両運搬時の運搬方法の基準については「放射性同位元素等車両運搬規則（昭和 52 年運輸省令第 33 号）」に定める技術上の基準に従って放射線障害の防止のために必要な措置を講じなければならない（法律第 18 条第 1 項）。

なお，事業所外運搬（施行規則第 18 条の 13 の簡易運搬を含む。）における放射性同位元素等の規制値は，施行規則第 18 条の 3 で，原子力規制委員会が定めるものを除く。とされており，放射性同位元素等の工場又は事業所の外における運搬に関する技術上の基準に係る細目等を定める告示別表第 1（**付表 3** 参照）の第 4 欄及び第 5 欄にそれぞれ，「免除濃度」及び「免除量」として定められており，これらの濃度以下及び放射能の量以下であれば除外されることとなる。すなわち，放射性輸送物となるものは，以下のとおりである。

① 放射能濃度が「免除濃度」（第 4 欄に示す濃度）を超えるもの。

② 一の荷送人により放射性同位元素を運搬するに当たり，当該放射性同位元素の量が「免除量」（第 5 欄に示す量）を超えるもの。

③ 原子力規制委員会が，当該免除濃度以外の濃度を安全上支障がないと認めた場合における当該濃度「免除濃度」を超えるもの。

④ 原子力規制委員会が，当該免除量以外の放射能の量を安全上支障がないと認めた場合における当該放射能の量「免除量」を超えるもの。

(a)　放射性輸送物

放射性輸送物（以下「輸送物」という。）とは，放射性同位元素等が容器に収納され，又は包装されているものであり，輸送物に収納されている放射能の多少等によって，L 型，A 型，BM 型，BU 型輸送物及び低比放射性同位元素又は表面汚染物として原子力規制委員会が定める区分に応じたIP 型輸送物のいずれかに分けられる（IP 型輸送物の運搬を行う事業所が限られているので説明を省略し，輸送物の基準を**付表 4**，**付表 5** に示す）。

L 型輸送物	放射能が少なく，輸送物表面の 1 cm 線量当量率の最大値が 5 μSv/hを超えないもの
A 型輸送物	一定量を超えない放射能を有する放射性同位元素等を運搬する場合
BM 型輸送物 BU 型輸送物	一定量を超える放射能を有する放射性同位元素等を運搬する場合

ここでいう一定量とは，**付表 3** で例示するように核種別に，特別形放射性同位元素等（以下「特別形」という。）か，それ以外のもの（以下「非特別形」という。）かによって A_1 値又は A_2 値が定められている。A_1 値又は A_2 値を超えない場合は A 型輸送物とし，A_1 値又は A_2 値を超える場合は，BM 型又は BU 型輸送物*とする。

特別形とは，容易に散逸しない固体状の放射性同位元素又は放射性同位元素等を密封したカプセル（以下「カプセル等」という。）で，「放射性同位元素等の工場又は事業所の外における運搬に関する技術上の基準に係る細目等を定める告示（平成 2 年科学技術庁告示第 7 号）（以下「事業所外運搬告示」）という。」等で定められた一定の条件（一片が 0.5 cm 以上で衝撃，打撃，曲げ，加熱，浸漬の各試験に適合していると原子力規制委員会が認めるもの又は外国の法令上これと同様に取り扱われるものをいう。）を満たすものであり，輸送物の密封性能の一部を担保するものである。なお，カプセル等の設計についての承認を受けようとする者は，所定の申請書に当該カプセル等が「特別形放射性同位元素等に係る試験」に適合していることを説明する書類を添えて原子力規制委員会に提出しなければならない。したがって，密封された放射性同位元素のすべてが特別形の条件

---

* BM 型，BU 型輸送物の違いについては，付表 4「輸送物に係る構造等の基準」の 13，14 のように最低温度の項目の条件が BU 型の方が厳しくなっている。なお，M は multilateral agreement（多国間承認），U は unilateral agreement（1 箇国承認）の頭文字である。

を満たすとは限らない。

A_1値，A_2値として示される収納限度は特別形では外部被ばく等，非特別形では外部被ばくと内部被ばく等の影響を考慮して定められたものである。L型輸送物の収納限度を**表 13** に示す。

なお，**表 13** の「機器等に含まれる場合」の左欄は 1 つの機器等について，右欄は機器等が集合した 1 つの輸送物としての値である。

表 13　L 型輸送物の収納限度

			機器等に含まれる場合		左記以外の場合
			機器等	輸送物	
固体	特別形		A_1値× 1 / 100	A_1値	A_1値× 1 / 1000
固体	非特別形		A_2値× 1 / 100	A_2値	A_2値× 1 / 1000
液体			A_2値× 1 / 1000	A_2値× 1 / 10	A_2値× 1 / 10000
気体	トリチウム		0．8 TBq	8 TBq	0．8 TBq
気体	その他	特別形	A_1値× 1 / 1000	A_1値× 1 / 100	A_1値× 1 / 1000
気体	その他	非特別形	A_2値× 1 / 1000	A_2値× 1 / 100	A_2値× 1 / 1000

機器等の基準を以下に示す。

(1)　収納され又は包装されていない状態で当該機器等の表面から 10 cm 離れた位置における 1 cm 線量当量率の最大値が 100 μSv/h を超えないこと。

(2)　当該機器等（放射線発光塗料を用いたものを除く。）は，「放射性」又は「RADIOACTIVE」の表示を有すること。ただし，当該機器等がその大きさにより表示をすることが困難な場合は，この限りではない。

(3)　当該機器等（放射線発光塗料を用いたものを除く。）は，放射性同位元素等を完全に密封しうる構造であること。

(b)　事業所外運搬に係る基準

許可届出使用者等が，放射性同位元素等を事業所外において運搬する場合，放射性輸送物の経年変化を考慮した上で，以下に示す輸送物ごとに定められた技術上の基準に適合するものでなければならない。

(1)　L 型輸送物に係る技術上の基準（施行規則第 18 条の 4）

①　容易に，かつ，安全に取り扱うことができること。

② 運搬中に予想される温度及び内圧の変化，振動等により，亀裂，破損等の生じるおそれがないこと。

③ 表面に不要な突起物等がなく，かつ，表面の汚染の除去が容易であること。

④ 材料相互の間及び材料と収納され，又は包装される放射性同位元素等との間で危険な物理的作用又は化学反応の生じるおそれがないこと。

⑤ 弁が誤って操作されないような措置が講じられていること。

⑥ 開封されたときに見やすい位置（当該位置に表示することが困難な場合は，輸送物の表面）に「放射性」又は「RADIOACTIVE」の表示を有していること。

⑦ 表面における 1 cm 線量当量率の最大値が 5 μSv/h を超えないこと。

⑧ 表面の放射性同位元素の密度が，輸送物表面密度（アルファ線を放出する放射性同位元素にあっては 0.4 Bq/cm^2 を，アルファ線を放出しない放射性同位元素にあっては 4 Bq/cm^2）を超えないこと。

⑨ 放射性同位元素の使用等に必要な書類その他の物品（輸送物の安全性を損なうおそれのないものに限る。）以外のものが収納又は包装されていないこと。

⑵ A 型輸送物に係る技術上の基準（施行規則第 18 条の 5）

⑩ L 型輸送物に係る技術上の基準 ①～⑤ 及び ⑧，⑨ と同じである。

⑪ 外接する直方体の各辺が 10 cm 以上であること。

⑫ みだりに開封されないように，かつ，開封された場合に開封されたことが明らかになるように，容易に破れないシールの貼付け等の措置が講じられていること。

⑬ 構成部品は，−40 ℃～70 ℃の温度の範囲において，亀裂，破損等の生じるおそれがないこと。ただし，運搬中に予想される温度の範囲が特定できる場合は，この限りではない。

⑭ 周囲の圧力を 60 kPa とした場合に，放射性同位元素の漏えいがないこと。

⑮ 液体状の放射性同位元素等が収納されている場合には，次に掲げる要件に適合すること。

イ 容器に収納することができる放射性同位元素等の量の2倍以上の量の放射性同位元素等を吸収することができる吸収材又は二重の密封部分から成る密封装置を備えること。ただし，あらかじめ原子力規制委員会の承認を受けた容器（承認容器）を使用する場合は，この限りではない。

ロ 放射性同位元素等の温度による変化並びに運搬時及び注入時の挙動に対処し得る適切な空間を有していること。

⑯ 表面における1 cm 線量当量率の最大値が 2 mSv/h を超えないこと。ただし，専用積載により運搬する輸送物であって，「放射性同位元素等車両運搬規則」第4条第2項並びに第18条第3項第1号及び第2号に規定する運搬の技術上の基準に従うもののうち，安全上支障がない旨の原子力規制委員会の承認を受けたものは，表面における1 cm 線量当量率の最大値が 10 mSv/h を超えないこと。

⑰ 表面から1 m 離れた位置における1 cm 線量当量率の最大値が 100 μSv/h を超えないこと。ただし，輸送物を専用積載として運搬する場合であって，安全上支障がない旨の原子力規制委員会の承認を受けたときは，この限りではない。

⑱ 原子力規制委員会の定める A 型輸送物に係る一般の試験条件下に置くこととした場合に，次に掲げる要件に適合すること。

イ 放射性同位元素の漏えいがないこと。

ロ 表面における1 cm 線量当量率の最大値が著しく増加せず，かつ，2 mSv/h（⑯のただし書に該当する場合は，10 mSv/h）を超えないこと。

⑲ 原子力規制委員会の定める液体状又は気体状の放射性同位元素等（気体状のトリチウム及び希ガスを除く。）が収納され，又は包装されている A 型輸送物に係る追加の試験条件の下に置くこととした場合に，放射性同位元素の漏えいがないこと。

(3) BM 型輸送物に係る技術上の基準（施行規則第18条の6）

⑳ A 型輸送物に係る技術上の基準⑩～⑰と同じである。ただし，

⑮のイに定める要件は，適用しない。

㉑ 原子力規制委員会の定めるBM型輸送物に係る一般の試験条件の下に置くこととした場合に，次に掲げる要件に適合すること。

イ A型輸送物に係る技術上の基準⑱のロの要件

ロ 放射性同位元素の漏えい量が1時間当たりA_2値$\times 10^{-6}$を超えないこと。

ハ 表面の温度が日陰において50℃（専用積載として運搬する場合は85℃）を超えないこと。

ニ 表面の放射性同位元素の密度が輸送物表面密度を超えないこと。

㉒ 原子力規制委員会の定めるBM型輸送物に係る特別の試験条件の下に置くこととした場合に，次に掲げる要件に適合すること。

イ 表面から1m離れた位置における1cm線量当量率の最大値が10mSv/hを超えないこと。

ロ 放射性同位元素の漏えい量が1週間当たりA_2値を超えないこと。

㉓ 運搬中に予想される最も低い温度から38℃までの周囲温度の範囲において，亀裂，破損等の生じるおそれがないこと。

㉔ A_2値$\times 10^5$を超える量の放射能を有する放射性同位元素等が収納されている輸送物を，深さ200mの水中に1時間浸漬試験を行った場合に，密封装置の破損のないこと。ただし，安全上支障がないと原子力規制委員会が認める場合は，この限りではない。

(4) BU型輸送物に係る技術上の基準（施行規則第18条の7）

㉕ A型輸送物に係る技術上の基準⑩～⑫，⑬の本文，⑭，⑮のロ，⑯，⑰並びにBM型輸送物に係る技術上の基準㉔の本文に定める基準と同じである。

㉖ 原子力規制委員会が定めるBU型輸送物に係る一般の試験条件の下に置くこととした場合に，次に掲げる要件に適合すること。

イ A型輸送物に係る技術上の基準⑱のロの要件

ロ 放射性同位元素の漏えい量が1時間当たりA_2値$\times 10^{-6}$を超えないこと。

ハ 表面の温度が日陰において50℃（専用積載として運搬する場

合は 85 ℃）を超えないこと。

ニ 表面の放射性同位元素の密度が輸送物表面密度を超えないこと。

㉗ 原子力規制委員会の定める BU 型輸送物に係る特別の試験条件の下に置くこととした場合に，次に掲げる要件に適合すること。

(i) 表面から 1 m 離れた位置における 1 cm 線量当量率の最大値が 10 mSv/h を超えないこと。

(ii) 放射性同位元素の漏えい量が 1 週間当たり A_2 値を超えないこと。

㉘ −40 ℃から 38 ℃までの周囲温度の範囲において，亀裂，破損等の生じるおそれがないこと。

㉙ フィルタ又は機械的冷却装置を用いなくとも内部の気体のろ過又は放射性同位元素等の冷却が行われる構造であること。

㉚ 最高使用圧力が 700 kPa を超えないこと。

(5) IP-1 型輸送物に係る技術上の基準（施行規則第 18 条の 8）

㉛ A 型輸送物に係る技術上の基準 ⑩，⑪，⑯，⑰ と同じである。

(6) IP-2 型輸送物に係る技術上の基準（施行規則第 18 条の 9）

㉜ IP-1 型輸送物に係る技術上の基準 ㉛ と同じである。

㉝ IP-2 型輸送物に係る一般の試験条件の下で，A 型輸送物に係る技術上の基準 ⑱ のイ及びロに定める要件（放射性同位元素の漏えいがなく，表面における 1 cm 線量当量率の最大値が著しく増加せず，かつ，2 mSv/h（⑯ のただし書きに該当する場合は，10 mSv/h）を超えないこと）に，適合すること。

㉞ IP-2 型輸送物で放射性同位元素等を収納する容器がコンテナ又はタンクの場合に係る技術上の基準は，次のとおりである。

(i) IP-1 型輸送物に係る技術上の基準 ㉛ と同じである。

(ii) IP-2 型輸送物に係る技術上の基準 ㉝ に定める基準又はこれと同等と原子力規制委員会の認める基準

(7) IP-3 型輸送物に係る技術上の基準（施行規則第 18 条の 10）

㉟ A 型輸送物に係る技術上の基準 ⑩〜⑰ と同じである。ただし，⑮ のイの吸収材又は密封装置の備付けに関する要件は，適用しない。

㊱ IP-3 型輸送物に係る一般の試験条件の下で，A 型輸送物に係る

技術上の基準 ⑱ のイ及びロに定める要件に，適合すること。

㊲ IP-3 型輸送物で放射性同位元素等を収納する容器がコンテナ又はタンクに係る技術上の基準は，次のとおりである。

・IP-1 型輸送物に係る技術上の基準 ㉛ と同じである。

・A 型輸送物に係る技術上の基準 ⑫〜⑭，⑮ のロに定める要件に適合すること及びIP-3 型輸送物に係る技術上の基準 ㊳ に定める基準又はこれと同等と原子力規制委員会の認める基準

⑻ 輸送物としないで運搬できる低比放射性同位元素及び表面汚染物の運搬（施行規則第 18 条の 11）

㊳ 原子力規制委員会の定める低比放射性同位元素であって，次に掲げる要件に適合するもの

(i) 通常の運搬状態で，放射性同位元素が容易に飛散し，又は漏えいしないような措置が講じられていること。

(ii) 専用積載として運搬すること。

㊴ 原子力規制委員会の定める表面汚染物であって，次に掲げる要件に適合するもの

(i) ㊳ の (i) に掲げる要件

(ii) 専用積載として運搬すること。ただし，表面の放射性同位元素の密度がアルファ線を放出する放射性同位元素にあっては 0.4 Bq/cm^2 を，アルファ線を放出しない放射性同位元素にあっては 4 Bq/cm^2 を超えないこと。

輸送物の構造，試験条件の概略について**付表 4**，**付表 5** に示した。

⑼ 特別措置による運搬（施行規則第 18 条の 12）

特別措置による運搬の場合には，上記の事業所外運搬を行う際の運搬物の基準によらないで運搬しても安全上支障がない旨の原子力規制委員会の承認を受けたときは，これらの規定によらないで運搬することができる。この場合の輸送物の 1 cm 線量当量率の最大値が 10 mSv/h 以下であること。

⑽ 簡易運搬に係る技術上の基準（施行規則第 18 条の 13）

簡易運搬による事業所外運搬の場合には，上記の車両運搬時の運搬物の基準以外に運搬方法の基準等が規定されている。

また，L 型輸送物を除く運搬物の運搬に従事する者は，運搬物の取扱方法，事故が発生した場合の措置その他の運搬に関し留意すべき事項を記載した書面を携行し，運搬の日から 1 年間保管しなければならない。

⑾ 輸送物の運搬に関する確認等

事業所外で BM 型輸送物又は BU 型輸送物を運搬する場合には，原子力規制委員会又は国土交通大臣の確認を受けなければならない（法律第 18 条第 2 項）。この場合，原子力規制委員会は運搬物に係る確認を行うが，あらかじめ原子力規制委員会の承認を受けた容器（承認容器）による運搬物に係る確認については，登録運搬物確認機関に行わせることができる（法律第 41 条の 21）。また，国土交通大臣は運搬方法に係る確認を行うが，承認容器を国土交通大臣があらかじめ承認した積載方法により運搬する場合に係る確認については，登録運搬方法確認機関に行わせることができる（法律第 41 条の 19）。さらに，都道府県の公安委員会へ運搬の開始の 2 週間前(同一都道府県内の運搬の場合は 1 週間前)までに届け出なければならず，この際，公安委員会は，運搬の日時，経路のほか，車両の速度，伴走車の配置等について必要な指示をすることができる。

8.3.3 特定放射性同位元素の運搬（法律第 25 条の 5）

特定放射性同位元素の運搬に際しても，運搬の基準は特段の変更はない。輸送物の発送人と受取人間での取決めの締結及び**付表 20** 別表第 1 に示す数量の 10 倍未満又は第 3 欄に示す数量の 3000 倍未満で A 型輸送物となるものについて公安委員会への届け出が生じるが，これらについては，9.21 及び 9.22 で記述しているので参考にされたい。

8.4 廃棄の基準

廃棄の基準は，工場又は事業所において廃棄する場合（事業所内廃棄）と工場又は事業所の外において廃棄する場合（事業所外廃棄）とに区分して定められている（法律第 19 条，第 19 条の 2，施行規則第 19 条）。

届出販売業者及び届出賃貸業者にあっては，許可届出使用者又は許可廃棄業者に廃棄を委託しなければならない（法律第 19 条第 4 項）。

表示付認証機器又は表示付特定認証機器の使用者にあっては，許可届出使用者又は許可廃棄業者に廃棄を委託しなければならない（法律第 19 条第 5 項）。

工場又は事業所の外において廃棄する場合において，廃棄施設以外の施設に廃棄する場合にあっては原子力規制委員会の確認を受けなければならない（法律第 19 条の 2 第 1 項，施行令第 19 条）。

許可廃棄業者が廃棄物埋設をしようとする場合にあっては原子力規制委員会の確認（登録埋設確認機関が行うものを除く。）を受けなければならない（法律第 19 条の 2 第 2 項，施行規則第 19 条の 2）。

8.4.1　事業所内廃棄に係る基準

(a)　許可使用者及び許可廃棄業者の廃棄の基準

許可使用者及び許可廃棄業者は，放射性同位元素又は放射性汚染物を工場又は事業所内において廃棄する場合においては，次に示す基準に従って行わなければならない（法律第 19 条第 1 項，施行規則第 19 条第 1 項）。

(1)　気体状の放射性同位元素等の廃棄は，排気設備において，浄化し，又は排気することにより行う。

（廃棄の条件）

イ　7.3.4 (3)(i) に該当する排気設備の場合は，排気口における排気中の放射性同位元素の濃度を原子力規制委員会が定める濃度限度以下にする。

ロ　7.3.4 (3)(ii) に該当する排気設備の場合は，排気中の放射性同位元素の濃度を監視することにより，事業所等の境界の外の空気中の放射性同位元素の濃度を原子力規制委員会が定める濃度限度以下にする。

ハ　7.3.4 (3)(iii) に該当する排気設備の場合は，排気中の放射性同位元素の数量及び濃度を監視することにより，事業所等の境界の外における線量を原子力規制委員会が定める線量限度以下にする。

(2)　排気設備に付着した放射性同位元素等を除去しようとするときは，敷物，受皿，吸収材その他放射性同位元素による汚染の広がりを防止するための施設又は器具及び保護具を用いて行う。

(3)　液体状の放射性同位元素等の廃棄は，(i)～(x)のいずれかにより行う。

(i)　排水設備において，浄化し，又は排水する。

(廃棄の条件)

イ　7.3.5(1)(i)に該当する排水設備の場合は，排水口における排液中の放射性同位元素の濃度を原子力規制委員会が定める濃度限度以下にする。

ロ　7.3.5(1)(ii)に該当する排水設備の場合は，排水中の放射性同位元素の濃度を監視することにより，事業所等の境界における排水中の放射性同位元素の濃度を原子力規制委員会が定める濃度限度以下にする。

ハ　7.3.5(1)(iii)に該当する排水設備の場合は，排水中の放射性同位元素の数量及び濃度を監視することにより，事業所等の境界の外における線量を原子力規制委員会が定める線量限度以下にする。

(ii)　排水設備において廃棄する場合において，排液処理を行う場合又は排水設備の付着物，沈殿物等の放射性同位元素等を除去しようとするときは，敷物，受皿，吸収材その他放射性同位元素による汚染の広がりを防止するための施設又は器具及び保護具を用いる。

(iii)　容器に封入し，又は固型化処理設備においてコンクリートその他の固型化材料により容器に固型化して保管廃棄設備において保管廃棄する。

(液体状の放射性同位元素等を封入する容器の適合条件)

イ　液体がこぼれにくい構造とする。

ロ　液体が浸透しにくい材料を用いたものとする。

(iv)　(iii)の方法により廃棄する場合において，液体状の放射性同位元素等を容器に封入して保管廃棄設備に保管廃棄する場合において，当該容器に亀裂，破損等の事故の生じるおそれのあるときには，受皿，吸収材その他放射性同位元素による汚染の広がりを防止するための施設又は器具を用いることにより，放射性同位元素による汚染の広がりを防止する。

(v) (iii)の方法により廃棄する場合において，液体状の放射性同位元素等を容器に固型化するときは，固型化した液体状の放射性同位元素等と一体化した容器が液体状の放射性同位元素等の飛散又は漏れを防止できるものとする。

(vi) (iii)の方法により廃棄する場合において，液体状の放射性同位元素等を容器に固型化する作業は，廃棄作業室において行う。

(vii) 焼却炉において焼却する。

(viii) (vii)の方法により廃棄する場合において，液体状の放射性同位元素等を焼却した後その残渣を焼却炉から搬出する作業は，廃棄作業室において行う（残渣の取扱いは固体状の放射性同位元素等の廃棄となる）。

(ix) (vii)の方法により廃棄する場合において，固型化処理設備においてコンクリートその他の固型化材料により固型化する。

(x) (ix)の方法により廃棄する場合において，液体状の放射性同位元素等を固型化する作業は，廃棄作業室において行う（固型化後の取扱いは固体状の放射性同位元素等の廃棄となる）。

(4) 固体状の放射性同位元素等の廃棄は，(i)～(viii)のいずれかにより行う。

(i) 焼却炉において焼却する。

(ii) (i)に方法により廃棄する場合において，固体状の放射性同位元素等を焼却した後その残渣を焼却炉から搬出する作業は，廃棄作業室において行う。

(iii) 容器に封入し，又は固型化処理設備においてコンクリートその他の固型化材料により容器に固型化して保管廃棄設備において保管廃棄する。

(iv) (iii)に方法により廃棄する場合において，固体状の放射性同位元素等を容器に固型化するときは，固型化した固体状の放射性同位元素等と一体化した容器が固体状の放射性同位元素等の飛散又は漏れを防止できるものであるものを用いる。

(v) (iii)に方法により廃棄する場合において，固体状の放射性同位元素等を容器に固型化する作業は，廃棄作業室において行う。

(vi) 放射性汚染物が大型機械等であって，容器に封入することが著しく困難な場合においては，全体をシートで覆うなど汚染の広がりを防止するための特別の措置を講じたうえで，保管廃棄設備において保管廃棄する。

(vii)　陽電子断層撮影用放射性同位元素又は陽電子断層撮影用放射性同位元素によって汚染された物（以下「陽電子断層撮影用放射性同位元素等」という。）については，当該陽電子断層撮影用放射性同位元素等以外の物が混入し，又は付着しないように封及び表示をし，当該陽電子断層撮影用放射性同位元素の原子の数が1を下回ることが確実な期間として7日間を超えて管理区域内において保管廃棄する。

7日間を超えて保管廃棄した陽電子断層撮影用放射性同位元素等については，放射性同位元素又は放射性同位元素によって汚染された物ではないものとし，産業廃棄物として処理することができる。

(viii)　廃棄物埋設を行う（廃棄物埋設の許可を受けた許可廃棄業者のみ）。

(5)　放射線業務従事者の線量は，(i)～(iii)のいずれかを講ずることにより，実効線量限度及び等価線量限度を超えないようにする。

(i)　遮蔽壁又は遮蔽物を用いることにより放射線に対する遮蔽を行う。

(ii)　遠隔操作装置，かん子等を用いることにより放射性同位元素等と人体との間に適切な距離を設ける。

(iii)　人体が放射線に被ばくする時間を短くする。

(6)　廃棄作業室内の人が常時立ち入る場所における人が呼吸する空気中の放射性同位元素の濃度は，放射性同位元素によって汚染された空気を浄化し，又は排気することにより，空気中濃度限度を超えないようにする。

(7)　廃棄作業室での飲食及び喫煙を禁止する。

(8)　廃棄作業室又は汚染検査室内の人が触れる物の表面の放射性同元素の密度は，その表面の放射性同位元素による汚染を除去し，又はその触れる物を廃棄することにより，表面密度限度を超えないようにする。

(9)　廃棄作業室においては，作業衣，保護具等を着用して作業し，これらを着用してみだりに廃棄作業室から退出しないようにする。

(10)　廃棄作業室から退出するときは，人体及び作業衣，履物，保護具等人体に着用している物の表面の放射性同位元素による汚染を検査し，かつ，その汚染を除去する。

⑾ 放射性汚染物で，その表面の放射性同位元素の密度が表面密度限度を超えているものは，みだりに廃棄作業室から持ち出さないようにする。

⑿ 放射性汚染物で，その表面の放射性同位元素の密度が表面密度限度の 1/10 を超えているものは，みだりに管理区域から持ち出さないようにする。

⒀ 廃棄施設の目につきやすい場所に，放射線障害の防止に必要な注意事項を掲示する。

⒁ 管理区域には，人がみだりに立ち入らないような措置を講じ，放射線業務従事者以外の者が立ち入るときは，放射線業務従事者の指示に従わせるようにする。

⒝ 届出使用者の廃棄の基準

届出使用者は，放射性同位元素又は放射性同位元素によって汚染された物を工場又は事業所内において廃棄する場合においては，次に示す基準に従って行わなければならない（法律第 19 条第 1 項，施行規則第 19 条第 4 項）。

⑴ 放射性同位元素又は放射性同位元素によって汚染された物の廃棄は，容器に封入し，一定の区画された廃棄の場所で放射線障害の発生を防止するための措置を講じた上で行う。

⑵ 容器及び管理区域には，所定の標識を付ける。

⑶ 放射線業務従事者の線量は，(i)〜(iii) のいずれかを講ずることにより，実効線量限度及び等価線量限度を超えないようにする。

(i) 遮蔽壁又は遮蔽物を用いることにより放射線の遮蔽を行う。

(ii) 遠隔操作装置，かん子等を用いることにより放射性同位元素等と人体との間に適切な距離を設ける。

(iii) 人体が放射線に被ばくする時間を短くする。

⑷ 放射性同位元素によって汚染された物で，その表面の放射性同位元素の密度が表面密度限度の 1/10 を超えているものは，みだりに管理

区域から持ち出さない。

⑸　管理区域の目につきやすい場所に，放射線障害の防止に必要な注意事項を掲示する。

⑹　管理区域には，人がみだりに立ち入らないような措置を講じ，放射線業務従事者以外の者が立ち入るときは，放射線業務従事者の指示に従わせるようにする。

補足説明

⒜　許可使用者及び許可廃棄業者の廃棄の基準

⑴ は，気体状の放射性同位元素等は排気設備を通して廃棄することを定めており，排風機により多量の空気で希釈してその濃度を下げ，排気浄化装置により汚染を浄化（各種フィルタを通して汚染を除去）し，排気することとしている。

排気設備の排気口から放出される空気中の放射性同位元素の濃度は，イ，ロ，ハに定める濃度限度以下にして放出しなければならない。濃度限度については，4.18 を参照されたい。

⑵ は，排気設備に付着した放射性同位元素等の除去（排気設備に設置している各種フィルタの交換等を行う場合を含む）の方法を定めたものであり，その際は汚染が予想されるのでそれを防止するため，敷物，受皿，吸収材，汚染の広がりを防止するための施設又は器具及び保護具（保護マスク，ゴム手袋，オーバーシューズ，防護衣等）を用いて作業しなければならない。

⑶ は，液体状の放射性同位元素等の廃棄の方法を定めたものであり，ここでは，i 排水設備，ii 保管廃棄設備，iii 焼却炉，iv 固型化処理設備のいずれかにより廃棄を行うことを定めている。

排水設備における浄化方法としては，貯留法，希釈法，イオン交換法，蒸発法，凝集沈殿法，ろ過法等がある。

一般的には高濃度又は長半減期の排液は保管廃棄容器に入れ，一定期間保管廃棄設備で保管廃棄したのち，許可廃棄業者に引き渡す。低濃度の排液は，排水設備において，貯留（減衰），希釈し，濃度限度以下になっていることを確認の上，排水する方法がとられている。

排水設備の排水口から放出される排水中の放射性同位元素の濃度は，(iv)，(v)，(vi) に定める濃度限度以下にして排水しなければならない。濃度限度については，4.18 を参照されたい。

排液処理装置にて排液の処理（排液のサンプリング，蒸発濃縮，イオン交換，凝集沈殿，ろ過等による排液処理作業）を行う場合及び排水設備等の付着物，沈殿物の除去を行う場合には，汚染が予想されるのでそれを防止するため，敷物，受皿，吸収材，汚染の広がりを防止するための施設又は器具及び保護具（保護マスク，ゴム手袋，オーバーシューズ，防護衣等）を用いて作業しなければならない。

(4) は，固体状の放射性同位元素等の廃棄の方法を定めたものであり，ここでは，i 焼却炉，ii 固型化処理設備，iii 保管廃棄設備のいずれかにより廃棄を行うことを定めている。なお，放射性汚染物が大型機械等で容器に封入することが著しく困難な場合にあっては，容器に封入しなくてよいが，全体をシート等で覆うなど汚染の広がりを防止するための特別の措置を講じなければならない。

一般的に，固体状の放射性同位元素等は一定期間保管廃棄設備で保管廃棄し，後日，許可廃棄業者に引き渡すこととなる。

(4) (vii) は，不純物を除去する装置等を使用することにより製造されたPET 検査薬でかつ，原子力規制委員会が定めた 1 日最大使用数量以内で使用する場合において，発生した陽電子断層撮影用放射性同位元素等（PET 廃棄物）の廃棄について定めたもので，他の物の混入を防止し，又は付着しないように封及び表示をし，一定期間（封をしてから 7 日間を超えて）保管廃棄したもの（原子の数が 1 を下回ったことになる。）は，放射性同位元素又は放射性同位元素によって汚染されたものとして取り扱う必要はなくなり，産業廃棄物として処分できる。

〈追加事項〉

- 放射化物を再使用することなく廃棄するときは保管廃棄設備で保管廃棄しなければならない。
- 使用の基準を準用した箇所については，8.1 を参照されたい。

(b)　届出使用者の廃棄の基準

届出使用者にあっては，法律上，廃棄施設の設置を義務づけられていないため廃棄しようとする場合は予めて届出ている「廃棄の場所」で行う。そのため，届出使用者には，行為面からの規制が必要であり，この規定が定められている。

(1) について，放射性同位元素又は放射性同位元素によって汚染された物の廃棄は，容器に封入し，届け出た廃棄の場所（一定の区画された場所）において，放射線障害の発生を防止する措置を講じて行う必要がある。この措置としては，保管廃棄設備に準じる設備内において保管廃棄するなどの措置が考えられる。

(2) は，放射性同位元素又は放射性同位元素によって汚染された物を入れた容器又はそれを置く廃棄の場所となる管理区域に，標識を付けることを定めたものである。届出使用者には廃棄施設の基準が課せられていないため，ここで規定している。当該標識は，放射性汚染物があることを示し，放射線業務従事者等に注意を喚起するためのものである。

8.4.2　事業所外廃棄に係る基準

許可使用者及び許可廃棄業者は，放射性同位元素又は放射性汚染物を工場又は事業所の外において廃棄する場合には，(1)〜(4) により行う（法律第19条第4項）。

(1)　放射性同位元素を廃棄する場合には，当該放射性同位元素の種類が許可証に記載されている許可使用者に保管廃棄を委託し，又は許可廃棄業者に廃棄を委託すること。

(2)　放射性汚染物を廃棄する場合には，当該放射性汚染物に含まれるすべての放射性同位元素の種類が許可証に記載されている許可使用者に保管廃棄を委託し，又は許可廃棄業者に廃棄を委託すること。

(3)　廃棄に従事する者（放射線業務従事者を除く。）については，その者の線量が原子力規制委員会の定める線量限度を超えないようにすること。

(4)　放射線業務従事者の線量は，(i)〜(iii) のいずれかを講ずることにより，実効線量限度及び等価線量限度を超えないようにする。

(i)　遮蔽壁又は遮蔽物を用いることにより放射線の遮蔽を行う。

(ii)　遠隔操作装置，かん子等を用いることにより放射性同位元素等と人体との間に適切な距離を設ける。

(iii)　人体が放射線に被ばくする時間を短くする。

9. 義　　務

放射性同位元素又は放射線発生装置の使用等に伴い，放射線障害防止の見地から，法律は許可届出使用者，表示付認証機器届出使用者（表示付認証機器使用者を含む。），届出販売業者，届出賃貸業者，許可廃棄業者並びにこれらの者から運搬を委託された者に各種の義務を負わせている。法律第4章に記されているこれらの義務全部と第6章の責務を標題で並べてみると，下記のとおりである。まずはじめに，全体を眺めておくことは必要であり，また，これらの標題一覧は，法律第4章と第6章の整理にもなると考える。

⑴　施設検査（法律第12条の8）
⑵　定期検査（法律第12条の9）
⑶　定期確認（法律第12条の10）
⑷　使用施設等の基準適合義務（法律第13条）
⑸　使用施設等の基準適合命令（法律第14条）
⑹　使用の基準（法律第15条）
⑺　保管の基準等（法律第16条）
⑻　運搬の基準（法律第17条）
⑼　運搬に関する確認等（法律第18条）
⑽　廃棄の基準等（法律第19条）
⑾　廃棄に関する確認（法律第19条の2）
⑿　測定（法律第20条）
⒀　放射線障害予防規程（法律第21条）
⒁　放射線障害の防止に関する教育訓練（法律第22条）
⒂　健康診断（法律第23条）
⒃　放射線障害を受けた者又は受けたおそれのある者に対する措置

(法律第 24 条)
(17)　放射線障害の防止に関する記帳義務（法律第 25 条）
(18)　表示付認証機器等の使用等に係る特例（法律第 25 条の 2）
(19)　工場等における特定放射性同位元素の防護のために講ずべき措置等（法律第 25 条の 3）
(20)　特定放射性同位元素防護規程（法律第 25 条の 4）
(21)　工場等の外において運搬する場合における特定放射性同位元素の防護のために講ずべき措置等（法律第 25 条の 5）
(22)　取決めの締結（法律第 25 条の 6）
(23)　特定放射性同位元素に係る報告（法律第 25 条の 7）
(24)　特定放射性同位元素の防護に関する教育訓練（法律第 25 条の 8）
(25)　特定放射性同位元素の防護に関する記帳義務（法律第 25 条の 9）
(26)　許可の取消し等（法律第 26 条）
(27)　合併等（法律第 26 条の 2）
(28)　許可廃棄業者の相続（法律第 26 条の 3）
(29)　廃棄物埋設地の譲受け等（法律第 26 条の 4）
(30)　使用の廃止等の届出（法律第 27 条）
(31)　許可の取消し，使用の廃止等に伴う措置等（法律第 28 条）
(32)　譲渡し，譲受け等の制限（法律第 29 条）
(33)　所持の制限（法律第 30 条）
(34)　海洋投棄の制限（法律第 30 条の 2）
(35)　取扱いの制限（法律第 31 条）
(36)　原子力規制委員会等への報告（法律第 31 条の 2）
(37)　警察官等への届出（法律第 32 条）
(38)　危険時の措置（法律第 33 条）
(39)　廃棄に係る特例（法律第 33 条の 2）
(40)　放射能濃度についての確認等（法律第 33 条の 3）
(41)　放射線発生装置に係る管理区域に立ち入る者の特例（施行規則第 22 条の 3）
(42)　許可届出使用者等の責務（法律第 38 条の 4）

法律で定めている規制は，必要最少限のものであるが，それでも上記のように多種多様である。上記のうち，使用の基準，保管の基準，運搬の基準，運搬に関する確認等，廃棄の基準，廃棄に関する確認は，8章で扱われており，使用の廃止等の届出，許可の取消し・使用の廃止等に伴う措置は，11章で扱われている。また，(28)，(29)については，まだ実態がないので，ここでは省略する。

9.1 施設検査

特定許可使用者又は許可廃棄業者が次の(1)に該当する使用施設等を設置したとき，又は許可使用者（特定許可使用者も含まれる。）又は許可廃棄業者が(2)に定める変更をしたときは，その許可又は変更の内容について原子力規制委員会又は原子力規制委員会の登録を受けた者（登録検査機関）の検査（施設検査）を受け，これに合格した後でなければ，その使用施設等を使用してはならない（法律第12条の8）。

(1) 施設検査対象事業所（法律第12条の8，施行令第13条）

特定許可使用者
① 密封された放射性同位元素の貯蔵能力が1個又は1式当たりの数量で10 TBq以上である事業所
② 密封されていない放射性同位元素の貯蔵能力が種類ごとに下限数量に10万を乗じて得た数量以上である事業所
③ 放射線発生装置を使用する事業所

許可廃棄業者　全ての事業所

(2) 施設検査を要する変更（法律第12条の8，施行規則第14条の13）

① 1個又は1式当たりの数量が10 TBq以上の密封された放射性同位元素，年間使用数量が下限数量に10万を乗じて得た数量以上の密封されていない放射性同位元素又は放射線発生装置を使用する使用施設の増設
② 廃棄物詰替施設の増設
③ 1個又は1式当たりの数量が10 TBq以上の密封された放射性同位元素，下限数量に10万を乗じて得た数量以上の密封されていない放射性同位元素を貯蔵する貯蔵施設の増設

④　廃棄物貯蔵施設の増設

⑤　廃棄施設の増設（放射性同位元素による特定許可使用者に限る。）

⑥　貯蔵施設の貯蔵能力の変更（密封された放射性同位元素の貯蔵能力を 10 TBq 未満から 10 TBq 以上とする場合，あるいは密封されていない放射性同位元素の貯蔵能力を下限数量に 10 万を乗じて得た数量未満から 10 万を乗じて得た数量以上とする場合に限る。）

⑦　使用施設の変更（放射線発生装置を使用していない施設において放射線発生装置を使用することとなる場合に限る。）

(3)　密封されていない放射性同位元素に係る貯蔵能力の算定の仕方

1 核種の場合は，許可証に記載の貯蔵数量が数量告示別表第 1 に掲げる種類に応じて第 2 欄に掲げる数量（下限数量）に 10 万を乗じて得た数量を超えた場合に対象となる。

2 核種以上の場合は，数量告示別表第 1 に掲げる種類ごとに下限数量に 10 万を乗じて得た数量との比を計算し，その比の和を求める。和が 1 を超えた場合は施設検査対象となる。

9.2　定期検査

特定許可使用者及び許可廃棄業者で次の (1) に定めるものは，使用施設等について，(2) に定める期間ごとに原子力規制委員会又は原子力規制委員会の登録を受けた者（登録検査機関）の検査（定期検査）を受けなければならない（法律第 12 条の 9）。

(1)　定期検査対象事業所（法律第 12 条の 9，施行令第 14 条）

特定許可使用者	①　密封された放射性同位元素の貯蔵能力が 1 個又は 1 式当たりの数量が 10 TBq 以上である事業所
	②　密封されていない放射性同位元素の貯蔵能力が下限数量に 10 万を乗じて得た数量以上である事業所
	③　放射線発生装置を使用している事業所
許可廃棄業者	全ての事業所

⑵　定期検査の期間（施行令第 14 条）

①　密封されていない放射性同位元素を使用する特定許可使用者又は許可廃棄業者については，設置時施設検査に合格した日又は前回の定期検査を受けた日から 3 年以内

②　密封された放射性同位元素を使用する特定許可使用者又は放射線発生装置を使用する許可使用者については，設置時施設検査に合格した日又は前回の定期検査を受けた日から 5 年以内

⑶　密封されていない放射性同位元素に係る貯蔵能力の算定の仕方

施設検査の場合と同様であるので，9．1 ⑶ を参照されたい。

9．3　定 期 確 認

特定許可使用者又は許可廃棄業者で次の ⑴ に定めるものは，① 放射線の量及び放射性同位元素による汚染の状況が測定され，記録，保存されていること，② 法律第 25 条に規定されている帳簿が，記載され保存されていることを，⑵ に定める期間ごとに原子力規制委員会又は原子力規制委員会の登録を受けた者（登録定期確認機関）の確認（定期確認）を受けなければならない（法律第 12 条の 10，施行令第 15 条）。

⑴　定期確認対象事業所　9．2 ⑴ に記載した事業所

⑵　定期確認の期間　　　9．2 ⑵ ① の者については，設置時施設検査に合格した日又は前回の定期確認を受けた日から 3 年以内　② の者については，設置時施設検査に合格した日又は前回の定期確認を受けた日から 5 年以内

9．4　使用施設等の基準適合義務

許可使用者，届出使用者及び許可廃棄業者に対して，その施設の位置，構造及び設備を技術上の基準に適合するように維持しなければならないと定めている（法律第 13 条）。対象となる者によって**表 14** のように該当施設が異なっている。

表 14　対象となる者と基準適合義務が必要な施設

施設の種類＼対象となる者	許可使用者	届出使用者	許可廃棄業者
使用施設	○		
貯蔵施設	○	○	
廃棄施設	○		○
廃棄物詰替施設			○
廃棄物貯蔵施設			○

また，技術上の基準とは，施行規則第 14 条の 7 から第 14 条の 12 までに規定されている基準であって，7 章で述べたとおりである。

9.5　使用施設等の基準適合命令

許可使用者，届出使用者及び許可廃棄業者は，その使用施設等を技術上の基準に適合するよう維持しなければならないが，基準に適合していないときは，原子力規制委員会はこれに適合させるために，施設の移転，修理または改造を命ずることができる（法律第 14 条）。

9.6　使用の基準*

9.7　保管の基準*

9.8　運搬の基準*

9.9　運搬に関する確認等*

9.10　廃棄の基準*

9.11　廃棄に関する確認*

＊　「8．取り扱いの基準」参照

9.12 測 定

測定には，場の線量の測定と人の被ばく線量の測定の 2 種類がある（法律第 20 条第 1 項，第 2 項）。

(a) 場の線量の測定

法律第 20 条第 1 項は，放射線障害のおそれのある場所について，放射線の量及び放射性同位元素等による汚染の状況を測定しなければならないと定めており，これを受けて，施行規則第 20 条第 1 項は測定箇所，測定の方法を具体的に示している。

(1) 放射線の量の測定は，1 cm 線量当量率又は 1 cm 線量当量について行うこと（ただし，70 μm 線量当量率が 1 cm 線量当量率の 10 倍を超えるおそれのある場所又は 70 μm 線量当量が 1 cm 線量当量の 10 倍を超えるおそれのある場所においては，それぞれ 70 μm 線量当量率又は 70 μm 線量当量について行う。）（施行規則第 20 条第 1 項第 1 号）。

(2) 放射線の量の測定及び放射性同位元素による汚染の状況の測定は放射線測定器を用いて測定する。ただし，放射線測定器を用いて測定することが著しく困難な場合には，計算によって算出してよい（施行規則第 20 条第 1 項第 2 号）。

(3) 測定の場所については，**表 15** のとおりであって，放射線の量又は汚染の状況を知るためにもっとも適した箇所において測定を行うように定められている。

それぞれの測定の場所の放射線の量については，4 章，7 章及び 8 章を参照されたい。なお，複合の規定もあるので，数量告示第 20 条も併せて参照されたい。

表 15　測定の場所

項　　目	場　　所	
放射線の量	使用施設 廃棄物詰替施設 貯蔵施設 廃棄物貯蔵施設 廃棄施設	管理区域の境界 事業所等内において人が居住する区域 事業所等の境界
放射性同位元素による汚染の状況の測定	作業室 廃棄作業室 汚染検査室 排気設備の排気口 排水設備の排水口	排気監視設備のある場所 排水監視設備のある場所 管理区域の境界

(4)　測定の時期（施行規則第 20 条第 1 項第 4 号）

(i)　作業を開始する前に 1 回

(ii)　作業を開始した後にあっては,

①　その都度（連続して排気又は排水する場合は，連続して）行う場合……排気設備の排気口，排水設備の排水口，排気監視設備のある場所及び排水監視設備のある場所の汚染の状況の測定

②　1 月を超えない期間ごとに 1 回測定する場合

イ　密封されていない放射性同位元素等を取り扱う場合の測定

ロ　密封された放射性同位元素（下限数量に 1000 を乗じて得た数量を超えるもの）又は放射線発生装置を移動させて取り扱う場合の測定

ただし，廃棄物埋設地を設けた廃棄事業所の境界の測定は，土砂等で覆うまでの間は 1 週間を超えない期間ごとに実施

③　放射線の量の測定において，6 月を超えない期間ごとに 1 回測定する場合

イ　密封された放射性同位元素（下限数量に 1000 を乗じて得た数量を超えるもの）又は放射線発生装置を固定して取り扱う場合であって，取扱いの方法及び遮蔽壁その他の遮蔽物の位置が一定しているときの測定

ロ　下限数量に1000を乗じて得た数量以下の密封された放射性同位元素のみを取り扱うときの測定。

(5) 測定の結果については測定の都度記録し，5年間保存する（施行規則第20条第4項第1号）。記録の方法は，電磁的方法（p. 107脚注参照）により，記録し保存することができる（施行規則第20条の2）。

(6) 放射線測定器の点検及び校正*

放射線の量及び放射性同位元素による汚染の状況の測定に用いる放射線測定器については，点検及び校正を，1年ごとに，適切に組み合わせて行う（施行規則第20条第1項第5号*）。

* 令和5年10月1日より施行

(b) 被ばく線量の測定

法律第20条第2項は，使用施設，廃棄物詰替施設，貯蔵施設，廃棄物貯蔵施設又は廃棄施設に立ち入った者について，その者の受けた線量を測定しなければならないと定めている。これを受けて，施行規則第20条第2項は，測定の方法を具体的に示している。

(1) 放射線の量の測定は，外部被ばくと内部被ばくによる線量について行う。

(i) 外部被ばくによる線量の測定（施行規則第20条第2項第1号）

イ　胸部（女子*1にあっては腹部）について，1 cm線量当量（$H_{1\,\mathrm{cm}}$）及び70 μm線量当量（$H_{70\,\mu\mathrm{m}}$）（中性子線については，$H_{1\,\mathrm{cm}}$）を測定する。

ロ　人体部位を①頭部及びけい部，②胸部及び上腕部，③腹部及び大たい部に区分した場合，外部被ばくによる線量が最大となるおそれのある部位が②以外（女子*にあっては③以外）であるときはイによる測定に加え，その部位についても$H_{1\,\mathrm{cm}}$, $H_{70\,\mu\mathrm{m}}$（中性子線については$H_{1\,\mathrm{cm}}$）を測定する。

ハ　外部被ばくによる線量が最大となるおそれのある部位が，ロに示す①，②，③以外の部位であるときは，イ，ロによる測定に加

---

*1　妊娠不能と診断された者及び妊娠の意思のない旨を許可届出使用者又は許可廃棄業者に書面で申し出た者を除く。ただし，合理的な理由があるときは，この限りではない。

え，当該部位について $H_{70\mu m}$ を測定する。ただし中性子線については，この限りではない。

ニ　眼の水晶体の等価線量を算定するための線量の測定については，イからハまでの測定のほか，眼の近傍その他の適切な部位について 3 mm 線量当量（$H_{3\,mm}$）を測定することにより行うことができる。

ホ　放射線測定器を用いて測定すること。ただし，放射線測定器を用いて測定することが著しく困難な場合には，計算によってこれらの値を算出してよい。

ヘ　管理区域に立ち入る者について，立ち入っている間継続して行う。

(ii) 内部被ばくによる線量の測定（施行規則第 20 条第 2 項第 2 号）

イ　放射性同位元素を誤って吸入又は経口摂取したときは直ちに行う。

ロ　作業室その他放射性同位元素を吸入又は経口摂取するおそれのある場所に立ち入る者については，3 月を超えない期間ごとに 1 回行う（本人の申出等により許可届出使用者又は許可廃棄業者が妊娠の事実を知ることとなった女子にあっては，出産までの間，1 月を超えない期間ごとに 1 回行う）。

具体的な内部被ばくによる線量の測定に関しては数量告示第 19 条に規定されている。内部被ばくによる線量の測定は，吸入摂取又は経口摂取した放射性同位元素について，**付表 8** に掲げる放射性同位元素の種類ごとに吸入摂取又は経口摂取した放射性同位元素の摂取量を計算することとなる。ただし，原子力規制委員会が認めた方法により測定する場合はこの限りではない。内部被ばくによる実効線量の算出は，**付表 8** に掲げる放射性同位元素の種類ごとに下記の式により行うものとする。2 種類以上の放射性同位元素を吸入摂取又は経口摂取したときは，それぞれの種類につき算出した実効線量の和を内部被ばくによる実効線量とする。

$$E_i = e \times I$$

E_i：内部被ばくによる実効線量（mSv）

e：**付表 8** の第 1 欄に掲げる放射性同位元素の種類に応じて，それぞれ吸入摂取した場合にあっては同表の第 2 欄，経口摂取した場合にあっては同表の第 3 欄に掲げる実効線量係数（mSv/Bq）

I：吸入摂取又は経口摂取した放射性同位元素の摂取量（Bq）

⑵　管理区域に一時的に立ち入る者であって放射線業務従事者でない者（以下一時的に管理区域に立ち入る者という）についての外部被ばくによる線量は，実効線量について 100 μSv 又は内部被ばくによる線量が実効線量について 100 μSv を超えるおそれがない場合には，測定を省くことができる（施行規則第 20 条第 2 項第 1 号へ、第 2 号，数量告示第 18 条第 1 項，第 2 項）。

⑶　⑴(i) イの測定（外部被ばく）に関し，その信頼性を確保するための措置を講じること（施行規則第 20 条第 2 項第 3 号*）。

⑷　⑴(ii) ロの測定（内部被ばく）に用いる放射線測定器については，点検及び校正を，1 年ごとに，適切に組み合わせて行う（施行規則第 20 条第 1 項第 5 号*）。

* 令和 5 年 10 月 1 日より施行

(c)　放射線施設に立ち入る者の汚染の状況の測定

法律第 20 条第 2 項は，使用施設，廃棄物詰替施設，貯蔵施設，廃棄物貯蔵施設又は廃棄施設に立ち入った者について，放射性同位元素による汚染の状況を測定しなければならないと定めている。

⑴　放射線測定器を用いて測定を行う。ただし，放射線測定器を用いて測定することが著しく困難な場合には，計算によって算出してよい（施行規則第 20 条第 3 項第 1 号）。

⑵　放射性同位元素によって汚染されるおそれのある手，足，人体部位の表面及び作業衣，履物，保護具など着用している物の表面について行うこと（施行規則第 20 条第 3 項第 2 号）。

⑶　密封されていない放射性同位元素等の使用，詰替え，焼却又は固型化材料による固型化を行う放射線施設から退出するときに行うこと

（施行規則第 20 条第 3 項第 3 号）。

(4) 測定に用いる放射線測定器については，点検及び校正を，1 年ごとに，適切に組み合わせて行うこと（施行規則第 20 条第 3 項第 4 号*）。

* 令和 5 年 10 月 1 日より施行

(d) 被ばく線量測定結果の記録

測定結果等*1 は記録しなければならない。

(i) 外部被ばくの測定結果については，4 月 1 日を始期とする各 3 月間，4 月 1 日を始期とする 1 年間，女子にあっては，本人の申出等により許可届出使用者又は許可廃棄業者が妊娠の事実を知ることになったときから，出産までの間毎月 1 日を始期とする 1 月間について当該期間ごとに集計し，集計の都度記録する（施行規則第 20 条第 4 項第 2 号）。

(ii) 内部被ばくの測定結果については，測定の都度記録する（施行規則第 20 条第 4 項第 3 号）。

(iii) 汚染状況の測定については，手足等の人体部位の表面が表面密度限度を超えて放射性同位元素により汚染され，その汚染を容易に除去することができない場合には，汚染の状況及び判定方法等も含めて記録する（施行規則第 20 条第 4 項第 4 号）。

(iv) (i)〜(iii) についての測定結果から，実効線量及び等価線量を 4 月 1 日を始期とする各 3 月間ごと，4 月 1 日を始期とする 1 年間並びに女子にあっては，本人の申出等により許可届出使用者又は許可廃棄業者が妊娠の事実を知ることになったときから，出産までの間毎月 1 日を始期とする 1 月間について当該期間ごとに算定し，その都度記録する（施行規則第 20 条第 4 項第 5 号）。

（外部被ばくによる実効線量は，$H_{1\,\mathrm{cm}}$ とし，外部被ばくによる実効線量と内部被ばくによる実効線量を合算する。また，等価線量は，皮膚の場合 $H_{70\,\mu\mathrm{m}}$，眼の水晶体の場合 $H_{1\,\mathrm{cm}}$，$H_{3\,\mathrm{mm}}$ と $H_{70\,\mu\mathrm{m}}$ の適切なもの，妊娠中である女子の腹部表面の場合 $H_{1\,\mathrm{cm}}$ とする。）

---

*1 記録しなければならない事項は施行規則第 20 条第 4 項に細かく規定されている。

(v)　(iv)について，4月1日を始期とする1年間の実効線量又は眼の水晶体の等価線量が20 mSv を超えた場合は，平成13年4月1日を始期とする5年間毎に，その1年間を含む5年間の累積実効線量又は眼の水晶体の累積等価線量を毎年度集計し，その都度記録すること（施行規則第20条第4項第5号の2，第5号の3）。

(vi)　(i)〜(v)の記録は永久保存しなければならない。ただし，当該記録の対象者が許可届出使用者又は許可廃棄業者等の従業者でなくなった場合又は当該記録を事業所で5年以上保存した場合において，原子力規制委員会の指定する機関（現在，(公財)放射線影響協会が指定されている。）に引き渡すときはこの限りでない（施行規則第20条第4項第7号）。記録の保存方法は，電磁的方法*2により記録し保存することができる（施行規則第20条の2）。

上記(i)〜(v)までの記録の写しを記録の都度，測定の対象者に対し交付する（施行規則第20条第4項第6号）。

9.13　放射線障害予防規程

許可届出使用者，届出販売業者，届出賃貸業者（表示付認証機器のみを販売，賃貸する者を除く。）及び許可廃棄業者は，使用，販売・賃貸・廃棄の業を開始する前に，下記18事項のうち必要な事項について定めた放射線障害予防規程を作成し，原子力規制委員会に届け出なければならない(法律第21条第1項，施行規則第21条第1項)。

(1)　放射線取扱主任者その他の放射性同位元素等又は放射線発生装置の取扱いの安全管理（放射性同位元素等又は放射線発生装置の取扱いに従事する者の管理を含む。）に従事する者に関する職務及び組織に関すること。

(2)　放射線取扱主任者の代理者に関すること。

---

*2　電子的方法，磁気的方法その他の人の知覚によって認識することができない方法により記録することにより作成し，保存することをいう。
電磁的方法により保存された記録は，必要に応じ電子計算機その他の機器を用いて直ちに表示されることができるようにしておかなければならないとともに，原子力規制委員会が定める基準（付表17参照）を確保するよう努めなければならない。

⑶　放射線施設の維持及び管理並びに放射線施設（届出使用者の使用及び廃棄に関しては，管理区域）の点検に関すること。

⑷　放射性同位元素又は放射線発生装置の使用に関すること。

⑸　放射性同位元素の受入れ，払出し，保管，運搬又は廃棄に関すること。

⑹　放射線の量及び放射性同位元素による汚染の状況の測定，記録，保存に関すること。

⑺　放射線障害を防止するために必要な教育及び訓練に関すること。

⑻　健康診断に関すること。

⑼　放射線障害を受けた者等に対する保健上必要な措置に関すること。

⑽　放射線障害の防止に関する記帳及び保存に関すること。

⑾　地震，火災その他の災害が起こった時の措置（⑿の措置を除く）に関すること。

⑿　危険時の措置に関すること。

⒀　放射線障害のおそれがある場合又は放射線障害が発生した場合の情報提供に関すること。

⒁　第29条第1項の応急の措置（以下この号において「応急の措置」という。）を講ずるために必要な事項であって，次に掲げるものに関すること（原子力規制委員会が定める放射性同位元素又は放射線発生装置の使用をする場合に限る。）。

イ　応急の措置を講ずる者に関する職務及び組織に関すること。

ロ　応急の措置を講ずるために必要な設備又は資機材の整備に関すること。

ハ　応急の措置の実施に関する手順に関すること。

ニ　応急の措置に係る訓練の実施に関すること。

ホ　都道府県警察，消防機関及び医療機関その他の関係機関との連携に関すること。

⒂　放射線障害の防止に関する業務の改善に関すること（特定許可使用者及び許可廃棄業者に限る。）。

⒃　放射線管理の状況の報告に関すること。

⒄　廃棄物埋設地に埋設した廃棄物の減衰に応じて放射線障害の防止のための措置に関すること。（廃棄物埋設を行う場合に限る。）

(18) その他放射線障害の防止に関し必要な事項

許可届出使用者，許可廃棄業者，届出販売業者及び届出賃貸業者（表示付認証機器のみを販売又は賃貸する者を除く。）は許可，届出内容に合った放射線障害予防規程を作成しなければならない。

9.14 放射線障害の防止に関する教育訓練

許可届出使用者及び許可廃棄業者は，放射線業務従事者，取扱等業務に従事する者及びそれ以外の者で一時的に管理区域に立ち入る者に対して，次のとおり教育及び訓練を行わなければならない。なお，放射線発生装置に係る管理区域に立ち入る者の特例（施行規則第22条の3）により管理区域でないとみなされる区域に立ち入る者も対象となる（法律第22条，施行規則第21条の2，平成3年科学技術庁告示第10号*）。

(1) 時　期

(i) 放射線業務従事者……初めて管理区域に立ち入る前及び管理区域に立ち入った後は前回の教育及び訓練を行った日が属する年度の翌年度の開始の日から1年以内

(ii) 取扱等業務に従事する者であって，管理区域に立ち入らない者……取扱等業務を開始する前及び取扱等業務を開始した後にあっては前回の教育及び訓練を行った日が属する年度の翌年度の開始の日から1年以内

(iii) (i)及び(ii)以外の者で一時的に管理区域に立ち入る者……管理区域に立ち入る前

(2) 教育及び訓練の内容

(i), (ii)については次ページの**表16**の項目欄に掲げる項目，(iii)については放射線障害を防止するために必要な事項について行う。

なお，(i), (ii), (iii)ともに必要な項目又は事項の全部又は一部に関し十分な知識及び技能を有していると認められる者に対しては，当該項目又は事項についての教育及び訓練を省略することができる。

---

* 教育及び訓練の時間数を定める告示（平成3年11月15日原子力規制委員会告示第10号）

⑶　教育及び訓練の時間数

初めて管理区域に立ち入る前又は取扱等業務を開始する前に行うものについては，**表16**の時間数以上行わなければならない。

表16　教育及び訓練の時間数

項　目	放射線の人体に与える影響	放射性同位元素等又は放射線発生装置の安全取扱い	放射線障害の防止に関する法令及び放射線障害予防規程
・放射線業務従事者 ・取扱等業務に従事する者であって，管理区域に立ち入らない者	30分	1時間	30分

教育及び訓練に関しては，**表16**の項目と時間数を満足するように，かつ，自事業所等の実態を考慮して各項目の時間数を決めなければならない。

9.15　健康診断

⑴　許可届出使用者及び許可廃棄業者は，放射線業務従事者（一時的に管理区域に立ち入る者を除く。）に対して，健康診断を行わなければならない（法律第23条第1項，施行規則第22条第1項）。

(i)　健康診断は，初めて管理区域に立ち入る前に1回行い，立ち入った後は1年を超えない期間ごとに行う。

(ii)　定期的な健康診断のほかに，次のような場合には，遅滞なく健康診断を行う。

イ　放射性同位元素を誤って吸入摂取し，又は経口摂取したとき。

ロ　表面密度限度を超えて，皮膚汚染があり，これを容易に除去できないとき。

ハ　皮膚の創傷面が汚染されたり，そのおそれのあるとき。

ニ　放射線業務従事者については実効線量限度又は等価線量限度を超えて被ばくしたり，そのおそれのあるとき。

(iii) 健康診断の方法は，問診及び検査又は検診とする。

(iv) 問診は，放射線（1 MeV 未満のエネルギーを有する電子線及びエックス線を含む。）の被ばく歴の有無，被ばく歴を有する者については作業の場所，内容，期間，線量，放射線障害の有無等について問診を実施する。

(v) 検査又は検診は次のものについて行う。ただし，イからハまでの部位又は項目（初めて管理区域に立ち入る前の健康診断では，イ，ロの部位又は項目を除く。）については，医師が必要と認める場合に限り行う。

イ 末しょう血液中の血色素量又はヘマトクリット値，赤血球数，白血球数及び白血球百分率

ロ 皮膚

ハ 眼

ニ その他原子力規制委員会が定める部位及び項目（定められていない）

(2) 健康診断の結果について所要の措置を講じなければならない（法律第 23 条第 2 項，施行規則第 22 条第 2 項第 1 号）。

(i) 健康診断の都度，結果は記録する。

イ 実施年月日

ロ 対象者の氏名

ハ 健康診断を行った医師名

ニ 健康診断の結果

ホ 健康診断の結果に基づいて講じた措置

(ii) 記録の写しは，健康診断の都度，健康診断を受けた者に交付する（施行規則第 22 条第 2 項第 2 号）。

(iii) 記録は保存する。健康診断の結果については，放射線障害が晩発性であることを考慮して，永久保存しなければならない。ただし，健康診断を受けた者が許可届出使用者若しくは許可廃棄業者の従業者でなくなった場合又は当該記録を事業所において 5 年以上保存した場合において，原子力規制委員会の指定する機関（現在，(公財)放射線影響協会が指定されている。）に引き渡すときは，この限り

ではない（施行規則第 22 条第 2 項第 3 号）。保存方法は，電磁的方法により記録し，保存することができる（施行規則第 22 条の 2）。

9.16　放射線障害を受けた者又は受けたおそれのある者に対する措置

(1)　放射線業務従事者について，放射線障害の程度に応じ，管理区域への立入時間の短縮，立入りの禁止，放射線に被ばくするおそれの少ない業務への配置転換等の措置を講じ，必要な保健指導を行う（法律第 24 条，施行規則第 23 条第 1 号）。

(2)　放射線業務従事者以外の者が，放射線障害を受け，又は受けたおそれのある場合は，遅滞なく，医師による診断，必要な保健指導等の適切な措置を講ずる（法律第 24 条，施行規則第 23 条第 2 号）。

9.17　放射線障害の防止に関する記帳義務

許可届出使用者，届出販売業者，届出賃貸業者及び許可廃棄業者について，それぞれ記帳する事項が定められている（法律第 25 条，施行規則第 24 条）。

(1)　記帳する事項としては，放射性同位元素等の受入れ・払出し，使用，販売，賃貸，保管，運搬，廃棄，放射線施設の点検並びに教育及び訓練に関する事項が定められている（施行規則第 24 条第 1 項）。帳簿は，電磁的方法により保存することができる（施行規則第 24 条の 2）。

(2)　帳簿は毎年 3 月 31 日に閉鎖し，閉鎖後 5 年間保存する（施行規則第 24 条第 2 項，第 3 項）。なお，許可の取消，使用，販売，賃貸，廃棄の業の廃止，死亡，解散，分割があった時はその日に帳簿を閉鎖する。

参考　施行規則第 24 条第 1 項第 1 号

許可届出使用者については，次によるものとする。

イ　受入れ又は払出しに係る放射性同位元素等の種類及び数量

ロ　放射性同位元素等の受入れ又は払出しの年月日及び相手方の氏名又は名称

ハ　使用（詰替えを除く。以下この号において同じ。）に係る放射性同位元素の種類及び数量

ニ　使用に係る放射線発生装置の種類

ホ　放射性同位元素又は放射線発生装置の使用の年月日，目的，方法及び場所

ヘ　放射性同位元素又は放射線発生装置の使用に従事する者（第 15 条第 2 項に規定する場合において，密封されていない放射性同位元素の数量を確認した者を含む。）の氏名

ト　貯蔵施設における保管に係る放射性同位元素及び放射化物保管設備における保管に係る放射化物の種類及び数量

チ　貯蔵施設における放射性同位元素及び放射化物保管設備における放射化物の保管の期間，方法及び場所

リ　貯蔵施設における放射性同位元素及び放射化物保管設備における放射化物の保管に従事する者の氏名

ヌ　工場又は事業所の外における放射性同位元素等の運搬の年月日，方法及び荷受人又は荷送人の氏名又は名称並びに運搬に従事する者の氏名又は運搬の委託先の氏名若しくは名称

ル　廃棄に係る放射性同位元素等の種類及び数量

ヲ　放射性同位元素等の廃棄の年月日，方法及び場所

ワ　放射性同位元素等の廃棄に従事する者の氏名

カ　放射性同位元素等を海洋投棄する場合であって放射性同位元素等を容器に封入し又は容器に固型化したときは，当該容器の数量及び比重並びに封入し又は固型化した方法

ヨ　放射線施設（届出使用者が密封された放射性同位元素の使用又は密封された放射性同位元素若しくは放射性同位元素によって汚染された物の廃棄をする場合にあっては，管理区域）の点検の実施年月日，点検の結果及びこれに伴う措置の内容並びに点検を行った者の氏名

タ* 施行規則第20条第1項第5号（9.12(a)(6)），同第2項第4号（同(b)(4)），同第3項第4号（同(c)(4)）による点検又は校正の年月日，放射線測定器の種類及び型式，方法，結果及びこれに伴う措置の内容並びに点検又は校正を行った者の氏名（点検又は校正を行った者の氏名を記載しなくても点検又は校正の適正な実施を確保できる場合にあっては名称）

レ* 施行規則第20条第2項第3号（9.12(b)(3)）に規定する措置の内容）

ソ 放射線施設に立ち入る者に対する教育及び訓練の実施年月日，項目，各項目の時間数（新規教育時のみ）並びに当該教育及び訓練を受けた者の氏名

ツ 第22条の3第1項の規定により管理区域でないものとみなされる区域に立ち入った者の氏名

＊ 令和5年10月1日より施行

9.18 表示付認証機器等の使用等に係る特例

表示付認証機器等の認証条件に従って使用，保管及び運搬する場合には，それらの基準（使用の基準，保管の基準，運搬の基準）は適用されない。また，測定，放射線障害予防規程の届出，教育及び訓練の実施及び健康診断についても適用されない（法律第25条の2第1項）。

9.19 工場等における特定放射性同位元素の防護のために講ずべき措置及び設置した設備，装置の維持

9.19.1 特定放射性同位元素の防護のための措置

許可届出使用者及び許可廃棄業者は，特定放射性同位元素を防護するために設置した設備及び装置の点検の実施，特定放射性同位元素の防護のために必要な措置を講じなければならない（施行規則第24条の2の2第1項）。

6.8で示した**表11**の区分に応じて(1)～(7)に示す防護措置を維持する義務がある。

(1) 業務上防護区域に常時立ち入ろうとする者であって，証明書等を所

持する者（以下「防護区域常時立入者」という。）については，当該立入りの際に証明書等を所持させること。

⑵ 防護区域常時立入者以外の者については，その身分及び当該防護区域への立入りの必要性を確認すること。ただし，診療を受ける者を当該区域に立ち入らせる場合は身分と必要性の確認は不要となる。

⑶ ⑵に該当する者が防護区域へ立ち入る場合には，当該防護区域内において防護従事者を同行させ，特定放射性同位元素の防護のために必要な監督をさせること。

⑷ 人の侵入を防止するため，防護区域の出入口に設けた鍵について，鍵の管理者（防護従事者から指定）にその鍵を厳重に管理させ，当該者以外の者がその鍵を取り扱うことを禁止すること。あらかじめその鍵を一時的に取り扱うことを認めた防護区域常時立入者は禁止対象外となる。

⑸ 鍵又は錠について異常が認められた場合には，速やかに取替え，又は構造の変更を行うこと。

⑹ 防護区域常時立入者が防護区域に立ち入ろうとする場合には，その都度，その立入りが妥当なものであることを確認するための措置を講ずること。

⑺ 特定放射性同位元素の管理として①～④の措置を講ずること。

①特定放射性同位元素は，防護区域内に置くこと。

②監視装置により防護区域への人の侵入を常時監視すること。ただし，防護区域常時立入者が当該防護区域に立ち入る場合にあっては，6.8⑷②に記載の監視装置による監視を要しない。

③防護従事者に，特定放射性同位元素の管理に係る異常が認められた場合又は当該特定放射性同位元素の防護のために必要な設備若しくは装置に異常が認められた場合には，直ちに組織的な対応をとらせること。

④防護従事者に，毎週1回以上，特定放射性同位元素の防護のために必要な設備及び装置について点検を行わせ，当該点検において異常が認められた場合には，直ちに組織的な対応をとらせること。異常が認められない場合にあってもその旨を報告させること。

⑻　事業所等において特定放射性同位元素を運搬する場合には，放射性輸送物にA型輸送物の技術上の基準で規定されている「容易に破れないシールの貼付け等」の措置を講ずること。ただし，2人以上の防護従事者に同時に運搬を行わせるときは要しない。

⑼　特定放射性同位元素の防護のための情報を取り扱う電子計算機については，電気通信回路を通じた当該電子計算機に対する外部からの不正アクセスを遮断する措置を講ずること。

⑽　特定放射性同位元素の防護のために必要な措置に関する詳細な事項は，当該事項を知る必要がある者以外の者に知られることがないように管理すること。

9.19.2　一時的な使用（法第10条第6項関係）の場合における特定放射性同位元素の防護のための措置

許可届出使用者は，法第10条第6項の規定により特定放射性同位元素を届け出た一時的な使用の場所で使用する場合には，6.8で示した**表11**の区分に応じて，⑴～⑻に示す防護措置を行う義務がある（施行規則第24条の2の2第2項）。

⑴　一時的に使用をする場所に係る管理区域に立ち入ることが必要な者であることを確認するとともに，当該管理区域に立ち入ることを認められた者以外の立入りを禁止すること。

⑵　一時的に使用をする場所における作業については，2人以上の防護従事者に同時に作業を行わせること。

⑶　特定放射性同位元素の管理として①，②の措置を講ずること。

①特定放射性同位元素は，一時的に使用をする場所に係る管理区域内に置くこと。

②防護従事者に，特定放射性同位元素の管理に係る異常が認められた場合には，直ちに組織的な対応をとらせること。

⑷　一時的に使用をする場所において特定放射性同位元素を運搬する場合には，放射性輸送物にA型輸送物の技術上の基準で規定されている「容易に破れないシールの貼付け等」の措置を講ずること。ただし，2人以上の防護従事者に同時に運搬を行わせるときは要しない。

(5) 特定放射性同位元素の盗取が行われるおそれがあり，又は行われた場合における関係機関への連絡手段を備えること。当該連絡が速やかに行えるものでなければならない。
(6) 特定放射性同位元素の防護のために必要な措置に関する詳細な事項は，当該事項を知る必要がある者以外の者に知られることがないように管理すること。
(7) 特定放射性同位元素の防護のために必要な体制を整備すること。
(8) 緊急時対応手順書を作成すること。

9.20　特定放射性同位元素防護規程

許可届出使用者及び許可廃棄業者は，特定放射性同位元素を防護するため，特定放射性同位元素の取扱いをする前に，以下に示す事項を記載した特定放射性同位元素防護規程を作成し，原子力規制委員会に届け出なければならない（法律第25条の4第1項，施行規則第24条の2の3第1項）。
(1) 防護従事者に関する職務及び組織に関すること。
(2) 特定放射性同位元素防護管理者の代理者に関すること。
(3) 特定放射性同位元素の区分の別に関すること。
(4) 防護区域の設定に関すること。
(5) 防護区域（一時的な使用の場所にあっては，一時的に使用をする場所に係る管理区域）の出入管理に関すること。
(6) 監視装置の設置に関すること。
(7) 特定放射性同位元素を容易に持ち出すことができないようにするための措置に関すること。
(8) 特定放射性同位元素の管理に関すること。
(9) 特定放射性同位元素の防護のために必要な設備又は装置の機能を常に維持するための措置に関すること。
(10) 関係機関との連絡体制の整備に関すること。
(11) 特定放射性同位元素の防護のために必要な措置に関する詳細な事項に係る情報の管理に関すること。
(12) 特定放射性同位元素の防護に必要な教育及び訓練（以下「防護に関する教育及び訓練」という。）に関すること。

⒀ 緊急時対応手順書に関すること。

⒁ 特定放射性同位元素の運搬に関すること。

⒂ 特定放射性同位元素の譲受け譲渡しに係る報告に関すること。

⒃ 特定放射性同位元素の防護に関する記帳及び保存に関すること。

⒄ 特定放射性同位元素の防護に関する業務の改善に関すること。

⒅ その他特定放射性同位元素の防護に関し必要な事項

特定放射性同位元素予防規程の提出部数は，正本 1 通及び副本 1 本となっている（施行規則第 24 条の 2 の 3 第 4 項）。

9.21 工場等の外において運搬する場合における特定放射性同位元素の防護のために講ずべき措置等

特定放射性同位元素を工場又は事業所の外において運搬する場合（船舶又は航空機により運搬する場合を除く。）にあっても，運搬そのものの基準に変わりはないので，特段の違いはない。特定放射性同位元素を輸入し，国内で輸送をする時点から，若しくは事業所から事業所へと運搬する際には防護のための措置を講じなければならない（法律第 25 条の 5）。

具体的な特定放射性同位元素の防護のために必要な措置の内容については以下のとおりである。

⑴ 密封された特定放射性同位元素のうちA型輸送物として運搬することができる場合であっても，これらを運搬する際に当該輸送物が通過する都道府県の公安委員会へ運搬の開始の日の 2 週間前までに届け出なければならない（同一都道府県内のみの場合は 1 週間前）。

（放射性同位元素等の運搬の届出等に関する内閣府令第 2 条第 1 項，第 3 項）

9.22 取決めの締結

特定放射性同位元素を工場又は事業所の外において運搬する場合においては，原子力規制委員会規則で定めるところにより，運搬が開始される前に，当該特定放射性同位元素の運搬について責任を有する者を明らかにし，当該特定放射性同位元素の運搬に係る責任が移転される時期及び場所その他の原子力規制委員会規則で定める事項について発送人，当該特定放射性同位元素の運搬について責任を有する者及び受取人の間で取決めが締結されるよう措置しなければならない（法律第25条の6第1項）。

(1) 特定放射性同位元素の運搬に関する取決めに記載する事項は以下のとおりである（施行規則第24条の2の8第2項）。

① 特定放射性同位元素が出発地から搬出される予定日時及び到着地に搬入される予定日時並びに運搬手段

② 特定放射性同位元素が出発地から搬出されたときは，直ちにその旨を発送人が受取人に通知すること。

③ 予定日時までに特定放射性同位元素が出発地から搬出されないときは，直ちにその旨を発送人が受取人に通知すること。

④ 特定放射性同位元素が到着地に搬入されたときは，受取人が放射性輸送物のシールの貼付け等の健全性を確認し，その旨を発送人に通知すること。

⑤ 予定日時までに特定放射性同位元素が到着地に搬入されないときは，直ちにその旨を受取人が発送人に通知すること。

⑥ 特定放射性同位元素の運搬に係る責任が移転される予定日時及び場所並びに当該責任が移転されるための手続

⑦ 責任が移転される予定日時までに特定放射性同位元素の運搬に係る責任が移転されないと見込まれるときは，直ちにその旨を当該責任者が移転される者に通知すること。

⑧ 特定放射性同位元素の運搬に係る責任が移転されたとき，又は予定日時までに特定放射性同位元素の運搬に係る責任が移転されないときは，直ちにその旨を当該責任が移転される者が発送人に通知すること。

(2) 特定放射性同位元素の運搬に関する取決めの締結と届出については以下のように区分されている。

密封された特定放射性同位元素で，告示の数量を超え10倍未満のものの運搬，密封されていない特定放射性同位元素で，告示の数量を超えA_2値の3000倍未満のものの運搬に際しても，運搬が開始される前に作成した発送人と受取人の間で「特定放射性同位元素の運搬に関する取決め：⑴の①～⑤の事項」について締結しなければならない。

密封された特定放射性同位元素で，告示の数量の10倍以上のものの運搬，密封されていない特定放射性同位元素で，A_2値の3000倍以上のものの運搬に際しては，運搬が開始される前に作成した，発送人と受取人の間で締結した「特定放射性同位元素の運搬に関する取決め：⑴の①～⑧の事項」について，運搬が開始される前に，施行規則第24条の2の9の規定により「取決めの締結届」（別記様式第26の4）に当該取決めを添えて，原子力規制委員会へ届け出なければならない（法律第25条の6第2項）。

9.23　特定放射性同位元素に係る報告

特定放射性同位元素について譲受け又は譲渡しをしたとき，その他の原子力規制委員会規則で定めるときは，原子力規制委員会規則で定めるところにより，その数量，年月日，相手方の氏名又は名称及び住所その他の原子力規制委員会規則で定める事項を原子力規制委員会に報告しなければならない（法律第25条の7）。

⑴　特定放射性同位元素等の製造，輸入，受入れ，輸出，払出し，譲受け，譲渡し時の報告

許可届出使用者，届出販売業者，届出賃貸業者及び許可廃棄業者は，特定放射性同位元素の数量を定める告示（平成30年11月26日原子力規制委員会告示第10号別表第1）について，それぞれ下記(i)～(iii)に記載の行為を行ったときは，その行為を行った日から15日以内に，施行規則第24条の2の10第1項の規定により「特定放射性同位元素の受入れ等に係る報告書」（別記様式第26の5）により，原子力規制委員会に報告しなければならない。

(i)　許可届出使用者 ……… 製造，輸入，受入れ，輸出又は払出し

(ii)　届出販売業者又は届出賃貸業者 ……… 輸入，譲受け（回収，賃借及び保管の委託の終了を含む。），輸出又は譲渡し（返還，賃貸及び保管の委託を含む。）

(iii)　許可廃棄業者　　………　受入れ又は払出し

ただし，許可届出使用者と届出販売業者又は届出賃貸業者との間における次の各号に定める行為（製造，輸入及び輸出を除く。）であって，当該行為に係る許可届出使用者の工場又は事業所と届出販売業者又は届出賃貸業者の販売所又は賃貸事業所が同一であるときは，その報告を省略することができる。

(2)　特定放射性同位元素の廃棄，変更（減衰による数量の変更）の報告

許可届出使用者，届出販売業者，届出賃貸業者及び許可廃棄業者は，特定放射性同位元素の内容を変更したとき又は当該変更により当該特定放射性同位元素が特定放射性同位元素でなくなったときは，その日から 15 日以内に施行規則第 24 条の 2 の 10 第 2 項の規定により「特定放射性同位元素の変更等に係る報告書」（別記様式第 26 の 6）により原子力規制委員会に報告しなければならない。

(3)　特定放射性同位元素の所持の報告

許可届出使用者及び許可廃棄業者は，毎年 3 月 31 日に所持している特定放射性同位元素について，その翌日から起算して 3 月以内（6 月 30 日まで）に，施行規則第 24 条の 2 の 10 第 3 項の規定により「特定放射性同位元素の所持に係る報告書」（別記様式第 26 の 7）により，原子力規制委員会に報告しなければならない。

9.24　特定放射性同位元素の防護に関する教育訓練

許可届出使用者及び許可廃棄業者は，特定放射性同位元素を取り扱う場合においては，第 22 条に規定するもののほか，特定放射性同位元素の防護に関する業務に従事する者（防護従事者）に対し，原子力規制委員会規則で定めるところにより，特定放射性同位元素防護規程の周知を図るほか，特定放射性同位元素を防護するために必要な教育及び訓練を施さなければならない（法律第 25 条の 8，施行規則第 24 条の 2 の 11，平成 30 年原子力規制委員会告示第 12 号）。

(1)　時期

初めて特定放射性同位元素の防護に関する業務を開始する前及び業

務を開始した後は前回の防護に関する教育及び訓練を行った日の属する年度の翌年度の開始の日から1年以内

⑵　教育及び訓練の内容

特定放射性同位元素を防護するために必要な項目について行う。なお，項目の全部又は一部に関し，十分な知識及び技能を有していると認められる者に対しては，当該項目についての防護に関する教育及び訓練を省略することができる。

⑶　防護に関する教育及び訓練の項目と時間数

1）特定放射性同位元素の防護に関する概論　1時間

2）特定放射性同位元素の防護に関する法令及び特定放射性同位元素防護規程　1時間

9.25　特定放射性同位元素の防護に関する記帳義務

許可届出使用者，届出販売業者，届出賃貸業者及び許可廃棄業者は，特定放射性同位元素を取り扱う場合においては，法律第25条に規定するもののほか，原子力規制委員会規則で定めるところにより，帳簿を備え，次の事項の細目を記載し，保存しなければならない（法律第25条の9，施行規則第24条2の12）。

⑴　防護区域常時立入者への証明書等の発行の状況及びその担当者の氏名

⑵　防護区域の出入管理の状況及びその担当者の氏名（⑴を除く。）

⑶　監視装置による防護区域内の監視の状況及びその担当者の氏名

⑷　特定放射性同位元素の点検の状況及びその担当者の氏名

⑸　特定放射性同位元素の防護のために必要な設備及び装置の点検及び保守の状況並びにその担当者の氏名

⑹　防護に関する教育及び訓練の実施状況

⑺　特定放射性同位元素の運搬に関する取決め

なお，届出販売業者及び届出賃貸業者に関しては，⑺のみを帳簿として作成することとなる。

帳簿は毎年3月31日に閉鎖し，閉鎖後5年間保存する。許可の取消し，使用，販売，賃貸，廃棄の業の廃止，解散，分割があったときは，その日に帳簿を閉鎖する。

9.26 許可の取消し等[*1]

9.27 合　併　等

許可使用者，許可廃棄業者が合併又は分割する場合においては，原子力規制委員会の認可を必要とし，認可を受けたあとは，合併後存続する法人若しくは合併により設立された法人又は分割により当該放射性同位元素及びそれらに汚染された物若しくは放射線発生装置並びに使用施設等を一体として継承した法人がその地位を継承する。

届出使用者，表示付認証機器届出使用者及び届出販売業者・賃貸業者である法人においては，上記と同様に放射性同位元素等及び貯蔵施設を一体として継承した者，表示付認証機器を継承した者及び放射性同位元素を継承した者がその地位を継承できる。その場合，継承の日から30日以内にその旨を届け出なければならない（法律第26条の2）。

9.28 許可廃棄業者の相続[*2]

9.29 廃棄物埋設地の譲受け等[*2]

9.30 使用の廃止等の届出[*1]

9.31 許可の取消し，使用の廃止等に伴う措置[*1]

9.32 譲渡し，譲受け等の制限

許可使用者，届出使用者，届出販売業者，届出賃貸業者及び許可廃棄業者（この節で以下「許可届出使用者等」という。）においては，下記に示すように放射性同位元素の譲渡し又は譲受け等の制限が課せられている。

＊1 「11．使用の廃止等について」参照

＊2 許可廃棄業者に係る事項であるので省略する。

(1) 許可使用者は，許可証に記載された種類の放射性同位元素を輸出し，他の許可届出使用者等に譲り渡し，若しくは貸し付け，又はその種類の放射性同位元素を，許可証に記載された貯蔵施設の貯蔵能力の範囲内で譲り受け若しくは借り受ける場合（法律第29条第1号）

(2) 届出使用者については，その届け出た種類の放射性同位元素を輸出し，他の許可届出使用者等に譲り渡し若しくは貸し付け，又はその種類の放射性同位元素を，届け出た貯蔵施設の貯蔵能力の範囲内で譲り受け若しくは借り受ける場合（法律第29条第2号）

(3) 届出販売業者及び届出賃貸業者については，その届け出た種類の放射性同位元素を輸出し，他の許可届出使用者等に譲り渡し，若しくは貸し付け，又は譲り受け若しくは借り受ける場合（法律第29条第3号，第4号）

(4) 許可廃棄業者は，他の許可届出使用者等に譲り渡し若しくは貸し付け，また，許可証に記載された廃棄物貯蔵施設の貯蔵能力の範囲内で譲り受け，若しくは借り受ける場合（法律第29条第5号）

(5) 許可を取り消された者，使用のすべてを廃止した者，死亡・解散した者の相続人等は，所有していた放射性同位元素を輸出し，他の許可届出使用者等に譲り渡す場合，この場合は，許可の取消しの日，使用の廃止の日又は死亡・解散の日から30日以内にしなければならない（法律第29条第6号，第7号，第8号，施行規則第27条）

9.33 所持の制限

放射性同位元素は，法令に基づく場合又は下記に示す場合のほか，所持してはならないとされている。

(1) 許可使用者がその許可証に記載された種類の放射性同位元素をその許可証に記載された貯蔵施設の貯蔵能力の範囲内で所持する場合（法律第30条第1号）

(2) 届出使用者がその届け出た種類の放射性同位元素をその届け出た貯蔵施設の貯蔵能力の範囲内で所持する場合（法律第30条第2号）

(3) 届出販売業者又は届出賃貸業者がその届け出た種類の放射性同位元

素を運搬のために所持する場合及び危険時又は放射線障害を受けた者又は受けた恐れがある者に対する措置を講ずるために所持する場合（法律第 30 条第 3 号）

⑷　許可廃棄業者がその許可証に記載された廃棄物貯蔵施設の貯蔵能力の範囲内で所持する場合（法律第 30 条第 4 号）

⑸　表示付認証機器等について認証条件に従った使用，保管又は運搬をする場合（法律第 30 条第 5 号）

⑹　許可を取り消された許可使用者又は許可廃棄業者がその許可を取り消された日に所持していた放射性同位元素を，その日から 30 日間所持する場合（法律第 30 条第 6 号）

⑺　廃止の届出をしなければならない者が放射性同位元素の使用又は廃棄の業を廃止した日に所持していた放射性同位元素を，その日から 30 日間所持する場合（法律第 30 条第 7 号）

⑻　廃止の届出をしなければならない者が放射性同位元素の販売又は賃貸の業を廃止した日に所有していた放射性同位元素を，その日から 30 日間，運搬のために所持する場合（法律第 30 条第 8 号）

⑼　死亡・解散・分割の届出をしなければならない者が，許可届出使用者若しくは許可廃棄業者が死亡し，又は法人である許可届出使用者若しくは許可廃棄業者が解散し，若しくは分割をした日に許可届出使用者又は許可廃棄業者が所持していた放射性同位元素を，その日から 30 日間所持する場合（法律第 30 条第 9 号）

⑽　死亡・解散・分割の届出をしなければならない者が，届出販売業者若しくは届出賃貸業者が死亡し，又は法人である届出販売業者若しくは届出賃貸業者が解散し，若しくは分割をした日に届出販売業者又は届出賃貸業者が所有していた放射性同位元素を，その日から 30 日間運搬のために所持する場合（法律第 30 条第 10 号）

⑾　⑴から⑽の者から放射性同位元素の運搬を委託された者がその委託を受けた放射性同位元素を所持する場合（法律第 30 条第 11 号）

⑿　⑴から⑾の者の従業者がその職務上放射性同位元素を所持する場合（法律第 30 条第 12 号）

9.34 海洋投棄の制限

放射性同位元素又は放射性汚染物は，法律第19条の2による廃棄に係る確認を受けた場合及び人命又は船舶，航空機若しくは人工海洋構築物の安全を確保するためやむを得ない場合のほか，海洋投棄をしてはならない（法律第30条の2）。

9.35 取扱いの制限

18歳未満の者又は心身の障害により，放射線障害の防止のために必要な措置を適切に講ずることができない者として原子力規制委員会規則*で定めるものについて，放射性同位元素又は放射性汚染物の取扱いを禁止している。また放射線発生装置の使用についても禁止している（法律第31条第1項，第2項）。

9.36 原子力規制委員会等への報告

許可届出使用者（表示付認証機器使用者を含む。），届出販売業者，届出賃貸業者及び許可廃棄業者は，その放射性同位元素若しくは放射線発生装置又は放射性汚染物に関し，放射線障害が発生するおそれのある事故又は放射線障害が発生した事故が起きた場合においては，遅滞なく，原子力規制委員会規則で定めるところにより，事象の状況その他の原子力規制委員会規則で定める事項を原子力規制委員会（放射性同位元素又は放射性汚染物の工場又は事業所の外における運搬に係る場合にあっては原子力規制委員会又は国土交通大臣，同項の規定による届出に係る場合にあっては都道府県公安委員会）に報告しなければならない（法律第31条の2）。

以下に示す内容のいずれかに該当するときは，その旨を直ちに，その状況及びそれに対する処置を10日以内に原子力規制委員会に報告しなけれ

---

* 精神の機能の障害により，放射線障害の防止のために必要な措置を適切に講ずるに当たり必要な認知，判断及び意思疎通を適切に行うことの出来ない者

ばならない（施行規則第28条の3）。

⑴　放射性同位元素の盗取又は所在不明が生じたとき。

⑵　気体状の放射性同位元素等を排気設備において浄化し，又は排気することによって廃棄した場合において，濃度限度又は線量限度を超えたとき。

⑶　液体状の放射性同位元素等を排水設備において浄化し，又は排水することによって廃棄した場合において，濃度限度又は線量限度を超えたとき。

⑷　放射性同位元素等が管理区域外で漏えいしたとき（許可を得て使用している管理区域の外において密封されていない放射性同位元素の使用をした場合を除く。）。

⑸　放射性同位元素等が管理区域内で漏えいしたとき。ただし，次のいずれかに該当するとき（漏えいした物が管理区域外に広がったときを除く。）を除く。

イ　漏えいした液体状の放射性同位元素等が当該漏えいに係る設備の周辺部に設置された漏えいの拡大を防止するための堰（せき）の外に拡大しなかったとき。

ロ　気体状の放射性同位元素等が漏えいした場合において，漏えいした場所に係る排気設備の機能が適正に維持されているとき。

ハ　漏えいした放射性同位元素等の放射能量が微量のときその他漏えいの程度が軽微なとき。

⑹　使用施設等の基準に係る線量限度を超え，又は超えるおそれがあるとき。

⑺　放射性同位元素等の使用，販売，賃貸，廃棄その他の取扱いにおける計画外の被ばくがあったときであって，当該被ばくに係る実効線量が放射線業務従事者（廃棄に従事する者を含む。）にあっては5ミリシーベルト，放射線業務従事者以外の者にあっては0.5ミリシーベルトを超え，又は超えるおそれがあるとき。

⑻　放射線業務従事者について実効線量限度若しくは等価線量限度を超え，又は超えるおそれのある被ばくがあったとき。

⑼　廃棄物埋設地の管理期間中及び終了後，人が被ばくするおそれのあ

る線量が，原子力規制委員会の定める線量限度を超えるおそれがあるとき。

9.37　警察官等への届出

許可届出使用者等*1（表示付認証機器使用者及び表示付認証機器使用者から運搬を委託された者を含む。）は，その所持する放射性同位元素について，盗取，所在不明，その他の事故が生じた場合には，遅滞なく警察官又は海上保安官に届け出なければならない（法律第32条）。

9.38　危険時の措置

(1) 地震，火災その他の災害が起こったことにより，その所持する放射性同位元素等に関して，放射線障害の発生のおそれのある場合又は発生した場合には，許可届出使用者等*1（表示付認証機器使用者及び表示付認証機器使用者から運搬を委託された者を含む。）は，まず次に示す応急の措置を講じなければならない（法律第33条第1項，施行規則第29条第1項，昭和56年運輸省令第22号*2 第1条）。

① 火災が起こったときは，消火及び延焼の防止に努めるとともに消防署に通報する。

② 放射線施設の内部にいる者，運搬に従事する者，これらの付近にいる者を退避させる。

③ 放射線障害を受けた者又は受けたおそれのある者は速やかに救出，避難させる。

④ 放射性同位元素による汚染が生じた場合は，速やかにその広がりを防止し，その除去を行う。

⑤ 放射性同位元素は，できれば他の安全な場所に移し，縄を張り，又は標識をつけ，見張人をつける。

---

*1　許可届出使用者等とは，許可届出使用者，届出販売業者，届出賃貸業者及び許可廃棄業者並びにこれらの者から運搬を委託された者

*2　放射性同位元素の事業所外運搬に係る危険時における措置に関する規則

上記の緊急作業を行う場合には，遮蔽具，かん子又は保護具を用いること，被ばく時間を短くすること等により緊急作業に従事する者の線量をできる限り少なくすること。この場合において放射線業務従事者（女子については，妊娠不能と診断された者及び妊娠の意思のない旨を許可届出使用者又は許可廃棄業者に書面で申し出た者に限る。）は実効線量について 100 mSv，眼の水晶体の等価線量について 300 mSv，皮膚の等価線量について 1 Sv まで放射線に被ばくすることができる（施行規則第 29 条第 2 項，数量告示第 22 条）。

⑵　⑴の事態を発見した者は，ただちに警察官又は海上保安官に通報する（法律第 33 条第 2 項）。

⑶　放射線障害予防規程を持つ許可届出使用者，届出販売業者，届出賃貸業者及び許可廃棄業者は，放射線障害のおそれがある場合又は発生するおそれのある場合に⑴に示した応急の措置を講じようとするとき若しくは講じたときには，工場又は事業所の外の外部機関等へ情報提供（危険時の情報提供）を行わなければならない。そのために放射線障害予防規程には，情報提供を実施する組織及び責任者，外部に情報を提供する方法，外部からの問い合わせに対応する方法，外部へ提供する情報の内容について規定する。

⑷　危険時の措置として講じなければならない応急の措置について，原子力規制委員会が定める放射性同位元素又は放射線発生装置の使用をする許可使用者は，放射線障害予防規程に必要事項を規定し，それを実行しなければならない。対応しなければならない許可使用者は**付表 18** に示す放射性同位元素又は放射線発生装置を使用するものに限る。放射線障害予防規程には，応急の措置を講ずる者に関する職務及び組織，必要な設備又は資機材の整備（当該設備等の整備・保守点検に関することを含む。），応急の措置の実施に関する手順，訓練の実施，関係機関との連携について規定する。

9.39　放射線発生装置に係る管理区域内に立ち入る者の特例

放射線発生装置の運転を工事等で7日以上停止する場合又は当該管理区域外へ放射線発生装置を移動した場合などに，当該管理区域の外部放射線量，空気中濃度，表面密度が管理区域に係る基準を超えるおそれがないときは，当該管理区域は管理区域とみなさない。その場合には，放射線発生装置を停止している又は設置していない旨その他の必要な事項を必要箇所に掲示しなければならない（施行規則第22条の3）。放射線発生装置に係る管理区域内に立ち入る者の特例を実行するためには許可を取得しなければ実行することができない。

9.40　放射能濃度についての確認等

放射性汚染物に含まれている放射能濃度が非常に低い場合には，原子力規制委員会又は登録濃度確認機関の濃度確認を受けた後には，放射性汚染物として取り扱わなくても良い（法律第33条の2）。

最初に，「放射能濃度の測定及び評価の方法の認可申請書」（別記様式第40）を原子力規制委員会に提出する。この申請書には，次の書類を添える（施行規則第29条の6）。

(1)　放射能濃度の測定及び評価に係る施設に関すること。
(2)　濃度確認対象物の発生状況，材質，汚染の状況及び推定量に関すること。
(3)　評価単位に関すること。
(4)　評価対象放射性同位元素の選択に関すること。
(5)　放射能濃度を決定する方法に関すること。
(6)　放射線測定装置の選択及び測定条件等の設定に関すること。
(7)　放射能濃度の測定及び評価の信頼性を確保するための措置に関すること。
(8)　その他，原子力規制委員会が必要と認める事項

次に，認可を受けた方法で放射性汚染物の濃度測定が終わり，認可を受けた方法で濃度評価した結果，放射能濃度基準（数量告示別表第7）を超

えていない場合は,「濃度確認申請書（別記様式第39）」を原子力規制委員会又は登録濃度確認機関に提出する（施行規則第29条の3）。

原子力規制委員会又は登録濃度確認機関は，濃度測定及び評価が認可を受けた方法であり，濃度基準を超えていないことを確認したときは，濃度確認証を交付する（施行規則第29条の4，第29条の5）。

9.41　許可届出使用者等の責務

法第38条の4の規定により，許可届出使用者（表示付認証機器使用者を含む。），届出販売業者，届出賃貸業者及び許可廃棄業者は，原子力の研究，開発及び利用における安全に関する最新の知見を踏まえつつ，放射線障害の防止及び特定放射性同位元素の防護に関し，業務の改善，教育訓練の充実その他の必要な措置を講ずる責務を有している。

これは，許可届出使用者，届出販売業者，届出賃貸業者，許可廃棄業者，表示付認証機器届出使用者及び表示付認証機器使用者に課せられた義務である。そのため，当該法律で定められた行為をきちんと実施していないと法令違反となる。特に許可使用者であって特定許可使用者に該当する者及び許可廃棄業者にあっては放射線障害予防規程の中で規定（9.13⒂参照）しなければならないので注意を要する。

10．変更に際しての手続

許可届出使用者，表示付認証機器届出使用者，届出販売業者，届出賃貸業者及び許可廃棄業者が放射性同位元素等の使用，販売又は賃貸の業，廃棄の業を行っていく間に，許可を受けた事項又は届出をした事項に変更が生じる場合がある。その際に必要な事務手続について説明する。

なお，許可廃棄業者に必要な事務手続については，おおむね許可使用者が行う事務手続に準じて行えばよいので，ここでは省略することとする。

10．1　許可使用に係る氏名等の変更届

許可使用者は，放射性同位元素等の使用許可申請又は変更許可申請等を行った際の申請書に記載した事項のうち，氏名又は名称及び住所並びに代表者の氏名を変更したときは，変更の日から 30 日以内に「氏名等の変更届」（別記様式第 10）に許可証を添えて原子力規制委員会に届け出て，許可証の訂正を受けなければならない（法律第 10 条第 1 項，施行規則第 10 条の 2）。ただし，代表者の氏名を変更したときは，許可証の変更はない（代表者の氏名は許可証の記載事項ではない。）ので許可証を添付する必要はない。一方，事業所の名称を変更した場合又は住所（法人の住所又は事業所の所在地）の住居表示が変更された場合には，法律に明記されていないが，法律第 10 条第 1 項の趣旨に基づき，原子力規制委員会に届け出なければならない。

10.2 許可使用に係る変更の許可の申請

許可使用者は，放射性同位元素等の使用許可申請又は変更許可申請を行った際の申請書に記載した事項のうち，

(1) 放射性同位元素の種類，密封の有無及び数量又は放射線発生装置の種類，台数及び性能
(2) 使用の目的及び方法
(3) 使用の場所
(4) 使用施設の位置，構造及び設備
(5) 貯蔵施設の位置，構造，設備及び貯蔵能力
(6) 廃棄施設の位置，構造及び設備

を変更する場合には，「許可使用に関する軽微な変更に係る変更届」(10.3)の場合及び「許可使用に係る使用の場所の一時的変更届」(10.4) の場合を除き，あらかじめ，施行規則第 9 条第 1 項での規定により「許可使用に係る変更許可申請書」(別記様式第 8) を原子力規制委員会に提出し，許可を受けなければならない (法律第 10 条第 2 項)。

変更許可申請を行う場合の提出書類は，許可使用に係る変更許可申請書の他に次の添付書類が必要となる (施行規則第 9 条第 2 項)。

(1) 変更の予定時期を記載した書面
(2) 使用許可申請書の添付書類のうち，変更しようとする内容を記載した書面及び図面 (6.1 参照)
(3) 工事を伴うときは，その予定工事期間及びその工事期間中放射線障害の防止に関し講ずる措置を記載した書面

10.3 許可使用に係る軽微な変更の届出

許可使用者は，放射性同位元素等の使用許可申請又は変更許可申請を行った際の申請書に記載した事項に係る変更のうち，次に示す (1)〜(8) の変更を行う場合には，あらかじめ，施行規則第 10 条の 3 の規定により「許可使用に関する軽微な変更に係る変更届」(別記様式第 11) に許可証を添えて原子力規制委員会に届け出なければならない。なお，この場合におい

ても変更許可申請を行う場合と同様の添付書類を提出する必要がある（法律第10条第5項，施行規則第9条の2，平成17年科学技術庁告示第81号*1）。

(1) 貯蔵施設の貯蔵能力の減少
(2) 放射性同位元素の数量の減少
(3) 放射線発生装置の台数の減少
(4) 使用施設，貯蔵施設又は廃棄施設の廃止
(5) 放射性同位元素又は放射線発生装置の使用時間数の減少
(6) 放射線発生装置の最大使用出力の減少
(7) 工事を伴わない管理区域の拡大
(8) 放射線発生装置の最大出力の減少*2。

10.4 許可使用に係る使用の場所の一時的変更の届出

許可使用者は，放射性同位元素等の使用許可申請又は変更許可申請を行った際の申請書に記載した事項に係る変更のうち，下記 1. (1)〜(5) 又は 2. (1)〜(3) に示す使用の目的で密封された放射性同位元素又は放射線発生装置を一時的に使用の場所を変更して使用する場合は，あらかじめ，施行規則第11条の規定により「許可使用に係る使用の場所の一時的変更届」（別記様式第12）を原子力規制委員会に届け出なければならない（法律第10条第6項）。密封された放射性同位元素，3 TBq 以下又は輸送に関する A_1 値のどちらか小さい数量までとされている（施行令第9条，数量告示第3条）。

1. 密封された放射性同位元素を一時的に使用の場所を変更して使用する場合の使用の目的
   (1) 地下検層
   (2) 河床洗掘調査
   (3) 展覧，展示又は講習のためにする実演
   (4) 機械，装置等の校正検査

*1　変更の許可を要しない軽微な変更を定める告示
*2　(1)〜(4) は施行規則第9条の2，(5)〜(8) は平成17年6月1日科学技術庁告示第81号

⑸　物の密度，質量又は組成の調査で原子力規制委員会が指定するもの*

(i)　ガスクロマトグラフによる空気中の有害物質等の質量の調査

(ii)　蛍光エックス線分析装置による物質の組成の調査

(iii)　ガンマ線密度計による物質の密度の調査

(iv)　中性子水分計による土壌中の水分の質量の調査

2．放射線発生装置を一時的に使用の場所を変更して使用する場合の使用の目的等

⑴　直線加速装置（4 MeV以下）……橋梁又は橋脚の非破壊検査

⑵　ベータトロン…………………………非破壊検査のうち原子力規制委員会が定めるもの（定められていない）
(エネルギーの定めなし)

⑶　コッククロフト・ワルトン型……地下検層
加速装置（15 MeV以下）

10．5　使用の届出に係る氏名等の変更届

届出使用者は，放射性同位元素の使用の届出又は変更の届出を行った際の届出書に記載した事項のうち，氏名又は名称及び住所並びに代表者の氏名を変更したときは，変更の日から30日以内に，施行規則第10条の2の規定により「氏名等の変更届」（別記様式第10）を原子力規制委員会に届け出なければならない（法律第3条の2第3項)。

なお，事業所の名称を変更した場合又は住所（法人の住所又は事業所の所在地）の住居表示が変更された場合には，法律に明記されていないが，法律第3条の2第1項の趣旨に基づき，原子力規制委員会に届け出なければならない。

10．6　使用の届出に係る変更の届出

届出使用者は，放射性同位元素の使用の届出又は変更の届出を行った際

*　使用の場所の一時的変更の届出に係る使用の目的を指定する告示
(平成3年11月15日科学技術庁告示第9号)

の届出書に記載した事項のうち，

⑴ 放射性同位元素の種類，密封の有無及び数量

⑵ 使用の目的及び方法

⑶ 使用の場所

⑷ 貯蔵施設の位置，構造，設備及び貯蔵能力

を変更する場合には，あらかじめ，施行規則第4条第1項の規定により「放射性同位元素の使用変更届」（別記様式第3）を原子力規制委員会に届け出なければならない（法律第3条の2第2項）。

変更届を行う場合の提出書類は，放射性同位元素の使用変更届の他に次の添付書類が必要になる（施行規則第4条第2項）。

⑴ 変更の予定時期を記載した書面

⑵ 使用届書の添付書類のうち，変更しようとする内容を記載した書面及び図面（6.1参照）

10.7 表示付認証機器の使用に係る変更の届出

表示付認証機器届出使用者は，表示付認証機器の使用の届出又は変更の届出を行った際の届出書に記載した事項のうち，

⑴ 氏名又は名称及び住所並びに法人にあっては，その代表者の氏名

⑵ 表示付認証機器の認証番号及び台数

⑶ 使用の目的及び方法

を変更したときは，変更の日から30日以内に，施行規則第5条の規定により「表示付認証機器使用・使用変更届」（別記様式第4）を，原子力規制委員会に届け出なければならない（法律第3条の3第2項）。

10.8 販売・賃貸の届出に係る変更の届出

届出販売業者又は届出賃貸業者は，当初の届出又は変更の届出を行った際の届出書に記載した事項のうち，

⑴ 放射性同位元素の種類

⑵ 販売所又は賃貸事業所

を変更する場合には，あらかじめ，施行規則第 6 条の 2 第 1 項の規定により「放射性同位元素の販売業・賃貸業に係る変更届」（別記様式第 6）を原子力規制委員会に届け出なければならない（法律第 4 条第 2 項）。

また，氏名又は名称及び住所並びに代表者の氏名に変更があった場合には，変更の日から 30 日以内に，施行規則第 10 条の 2 の規定により「氏名等の変更届」（別記様式第 10）を原子力規制委員会に届け出なければならない（法律第 4 条第 3 項）。

10.9　放射線障害予防規程の変更の届出

許可届出使用者，届出販売業者，届出賃貸業者及び許可廃棄業者が放射性同位元素等を使用又はその業を行っている間に，種々の変更が生じ，それに伴って，現在運用中の放射線障害予防規程を変更しなければならない場合がある。

この場合には，変更の日から 30 日以内に，施行規則第 21 条第 3 項の規定により「放射線障害予防規程変更届」（別記様式第 26）に変更した放射線障害予防規程を添えて，原子力規制委員会に届け出なければならない（法律第 21 条第 3 項）。

10.10　放射線取扱主任者の選任・解任による変更の届出

許可届出使用者，届出販売業者，届出賃貸業者及び許可廃棄業者は，人事異動等により，放射線取扱主任者を選任又は解任した場合には，選任又は解任した日から 30 日以内に，施行規則第 31 条の規定により「放射線取扱主任者選任・解任届」（別記様式第 41）を原子力規制委員会に届け出なければならない（法律第 34 条第 2 項）。事業所の使用形態等により放射線取扱主任者の選任に当たっての資格の区分（6.7 **表 10** 参照）があるので，選任に当たっては注意すること。

10.11 放射線取扱主任者の代理者の選任・解任の届出

放射線取扱主任者が旅行，疾病その他の事故で，その職務を行うことができない場合であって，その間に放射性同位元素若しくは放射線発生装置を使用するとき，又は，放射性同位元素や放射性汚染物の廃棄をするときは，許可届出使用者等は放射線取扱主任者の代理者を選任しなければならない（法律第37条第1項，施行規則第33条第1項）。

放射線取扱主任者がその職務を行えない期間が30日以上のときは，放射線取扱主任者の代理者を選任した日から30日以内に，施行規則第33条第2項の規定により「放射線取扱主任者の代理者選任・解任届」（別記様式第42）を，原子力規制委員会に届け出なければならない（法律第37条第3項)。

代理者については選任されている放射線取扱主任者の資格と同等以上の放射線取扱主任者免状を有する者でなければならない（法律第37条第2項)。なお，放射線取扱主任者が復帰した場合にあっては，代理者の解任を行い，解任後30日以内に施行規則第33条第2項の規定により「放射線取扱主任者の代理者選任・解任届」により，原子力規制委員会に届け出る。

選任された放射線取扱主任者の代理者が職務を代行する場合にあっても，職務の誠実な遂行義務等，法律及び放射線障害予防規程の運用に当たり，放射線取扱主任者と同様の義務を負うことになるので，代理者といえどもその職務をおろそかにすることは許されない（法律第37条第4項)。

10.12 放射線取扱主任者免状の訂正の申請

法律第35条第2項，第3項又は第4項により放射線取扱主任者免状を交付された者が，免状の記載事項に変更が生じたとき（ほとんどの場合，氏名等の変更）は，遅滞なく，免状を添えて，施行規則第37条の規定により「放射線取扱主任者免状訂正申請書」（別記様式第51）を原子力規制委員会に提出しなければならない。この場合，原子力規制委員会が住民基本台帳法の規定により本人確認情報を利用できない場合は住民票の写しを提出させることができるようになっているものの，実際の訂正申請時においては，あらかじめ住民票を用意することが望まれる。

10.13　特定放射性同位元素防護規程の変更の届出

許可届出使用者及び許可廃棄業者は，特定放射性同位元素の防護に関して種々の変更が生じ，それに伴って，現在運用中の特定放射性同位元素防護規程を変更しなければならない場合がある。

この場合には，変更の日から 30 日以内に，施行規則第 24 条の 2 の 3 第 3 項の規定により「特定放射性同位元素防護規程変更届」（別記様式第 26 の 3）に変更した特定放射性同位元素防護規程を添付し，原子力規制委員会に届け出なければならない（法律第 25 条の 4 第 3 項）。

10.14　特定放射性同位元素防護管理者の選任・解任の届出

許可届出使用者及び許可廃棄業者は，人事異動等により，特定放射性同位元素防護管理者を選任又は解任した場合には，選任又は解任した日から 30 日以内に，施行規則第 38 条の 6 の規定により「特定放射性同位元素防護管理者選任・解任届」（別記様式第 53 の 2）を原子力規制委員会に届け出なければならない（法律第 38 条の 2 第 2 項）。

10.15　特定放射性同位元素防護管理者の代理者の選任・解任の届出

特定放射性同位元素防護管理者が旅行，疾病その他の事故で，その職務を行う事ができない場合であって，その間に，特定放射性同位元素を取り扱おうとするときは，特定放射性同位元素防護管理者の代理者を選任しなければならない（法律第 38 条の 3，同 37 条第 1 項の読み替え，施行規則第 38 条の 8 第 1 項）。

特定放射性同位元素防護管理者がその職務を行えない期間が 30 日以上のときは特定放射性同位元素防護管理者の代理者を選任した日から 30 日以内に，施行規則第 38 条の 8 第 2 項の規定により「特定放射性同位元素防護管理者の代理者選任・解任届」（別記様式第 53 の 3）を原子力規制委員会に届け出なければならない（法律第 38 条の 3，同 37 条第 3 項の読み替え）。

なお，特定放射性同位元素防護管理者が職務に復帰した場合にあっては代理者の解任を行い，解任後，30 日以内に上記様式により届け出なければならない。

選任された特定放射性同位元素防護管理者の代理者が職務を代行する場合にあっても，職務の誠実な遂行義務等，法律及び特定放射性同位元素防護規程の運用に当たり特定放射性同位元素防護管理者と同様の義務を負うことになるので，代理者といえどもその職務をおろそかにすることは許されない（法律第 38 条の 3，同 37 条第 4 項の読み替え）。

11．使用の廃止等について

11.1　許可の取消し

許可使用者又は許可廃棄業者が違反をしたり，法律第 5 条の欠格条項(放射性同位元素等規制法に違反し，罰金以上の刑に処せられた者，心身の障害により放射線障害の防止のために必要な措置を適切に講ずることができない者として省令で定める者等）に該当するに至った場合には，原子力規制委員会は法律第 26 条に基づき，すでに与えた許可を取り消すことができる。

この行政処分は，放射線障害を防止し，公共の安全を確保するため，特に必要があると判断される場合にのみ行われるものである。詳細は後述の 15. ⑵ を参照のこと。

11.2　使用等の廃止

許可届出使用者が放射性同位元素又は放射線発生装置のすべての使用を廃止した場合，届出販売業者が販売の業を廃止した場合，届出賃貸業者が賃貸の業を廃止した場合並びに許可廃棄業者が廃棄の業を廃止した場合（工場又は事業所の廃止）には，その許可届出使用者，届出販売業者，届出賃貸業者及び許可廃棄業者は，遅滞なく，施行規則第 25 条第 1 項の規定により「廃止届」（別記様式第 32）を，同条第 3 項の規定により廃止届には許可証を添えて（許可使用者及び許可廃棄業者に限る。また，11．4 の廃止措置計画において廃止措置の実施がある場合は除かれる。)，原子力規制委員会に届け出なければならない。

表示付認証機器届出使用者については，放射性同位元素のすべての使用を廃止した場合は，遅滞なく，施行規則第 26 条の 2 第 1 項の規定により「表示付認証機器使用廃止及び廃止措置計画届」（別記様式第 37）を原子力規制委員会に届け出なければならない（法律第 27 条第 1 項）。表示付認証機器届出使用者の場合は，通常，事業所等の廃止に先だって表示付認証機器を届出販売業者等に譲渡する。また，当該機器による汚染の発生もないことから，使用の廃止と廃止措置計画を同時に実施することが可能であるとの観点から，様式は一つに集約されている。

なお，「すべての使用を廃止した場合」とは，事業所内で使用していた放射性同位元素又は放射線発生装置のすべてについて使用を取りやめ，法令上の工場又は事業所でなくなること。「業を廃止した場合」とは，販売・賃貸・廃棄の業を取りやめ，法令上の工場又は事業所でなくなることを意味する。一時的に使用又はその業を停止することは含まれない。

たとえば，① 10 種類の放射性同位元素を使用している許可使用者が，そのうちの 5 種類の放射性同位元素の使用を取り止めたり，② 放射性同位元素と放射線発生装置を使用していた事業所が，放射性同位元素のみの使用を取り止めた場合などは，「すべての使用を廃止した場合」には該当しない。このような場合は，法律第 10 条第 5 項の軽微な変更に該当する。

11.3 使用者の死亡等

許可届出使用者（表示付認証機器届出使用者も含む。），届出販売業者，届出賃貸業者又は許可廃棄業者が死亡した場合には，その相続人（又は相続人に代わって相続財産を管理する者等），法人である許可届出使用者，届出販売業者，届出賃貸業者又は許可廃棄業者が解散又は合併等が行われた後に当該工場又は事業所の承継がなされなかった場合においては，その清算人，破産管財人又は合併後存続する法人若しくは合併により設立された法人の代表者は，遅滞なく，施行規則第 25 条第 2 項の規定により「死亡・解散・分割届」を原子力規制委員会に届け出なければならない。

表示付認証機器届出使用者については，遅滞なく，施行規則第 26 条の 2 第 1 項の規定により「死亡・解散・分割及び廃止措置計画届」（別記様式第 38）を原子力規制委員会に届け出なければならない（法律第 27 条第

3 項)。

11.4　使用の廃止等に伴う廃止措置計画

許可を取り消された者，使用等の廃止をした者，死亡又は解散を届け出た者（相続人等）は，あらかじめ，廃止措置計画を作成し，遅滞なく，施行規則第 26 条第 4 項の規定により「廃止措置計画届」（別記様式第 34）に廃止措置計画を添えて，原子力規制委員会に届け出なければならない。

表示付認証機器届出使用者については，遅滞なく，施行規則第 26 条の 2 第 2 項の規定により「表示付認証機器使用廃止及び廃止措置計画届」（別記様式第 37）を原子力規制委員会に届け出なければならない（法律第 28 条第 2 項)。

1．廃止措置計画には以下の事項を記載する（施行規則第 26 条第 2 項)。

(1)　放射性同位元素の譲渡し，返還又は廃棄の方法

(2)　放射性同位元素による汚染の除去の方法

(3)　放射性汚染物の譲渡し又は廃棄の方法

(4)　汚染の広がりの防止その他の放射線障害の防止に関し講ずる措置

(5)　計画期間

2．廃止措置計画を実行する際には以下の措置を行うことになる（施行規則第 26 条第 1 項)。

当該廃止措置は，廃止措置計画の計画期間内に完了させなければならない（施行規則第 26 条第 3 項)。

(1)　その所有する放射性同位元素を輸出し，許可届出使用者，届出販売業者，届出賃貸業者若しくは許可廃棄業者に譲り渡すか廃棄を委託する。

(2)　その借り受けている放射性同位元素を輸出し，又は許可届出使用者，届出販売業者，届出賃貸業者若しくは許可廃棄業者に返還する。

(3)　放射性同位元素による汚染を除去する。ただし，廃止措置に係る事業所等を許可使用者又は許可廃棄業者に譲り渡す場合（当該廃止措置に係るすべての放射性同位元素等又は放射線発生装置及び放射線施設を一体として譲り渡す場合に限る。）は，必要としない。

⑷ 放射性汚染物を許可使用者（⑶のただし書により事業所等を譲り受ける場合のみ）若しくは許可廃棄業者に譲り渡すか廃棄を委託する。

⑸ 放射線の量の測定，放射線施設の汚染の状況の測定，放射線施設に立ち入った者が受ける被ばくの測定及び汚染の状況の測定を行い，これらの測定の結果について記録する。この場合において，放射線の量の測定，放射線施設の汚染の状況の測定（排気，排水に関する測定は除く。）については，⑶に規定する汚染の除去の前及び後に行う。

⑹ 帳簿を備え，次に掲げる事項を記載する。

イ ⑴により輸出し，又は譲り渡した放射性同位元素の種類及び数量並びにその年月日及び相手方の氏名又は名称

ロ ⑴により廃棄した放射性同位元素の種類及び数量並びにその年月日，方法及び場所

ハ ⑵により輸出し，又は返還した放射性同位元素の種類及び数量並びにその年月日及び相手方の氏名又は名称

ニ ⑶により放射性同位元素による汚染を除去したときに発生した放射性汚染物の種類及び数量

ホ ⑷により譲り渡した放射性汚染物の種類及び数量並びにその年月日及び相手方の氏名又は名称

ヘ ⑷により廃棄した放射性汚染物の種類及び数量並びにその年月日，方法及び場所

ト 濃度確認を受けようとする許可取消使用者等にあっては，施行規則第24条第1項第5号に掲げる事項

⑺ 次に掲げる条件のいずれかに該当する者に廃止措置の監督をさせる。

イ 許可の取消しの日，使用若しくは販売，賃貸若しくは廃棄の業の廃止の日又は死亡，解散若しくは分割の日（法律第28条第7項の規定により適用する法律第27条第3項の届出をしなければならない者に係る死亡，解散又は分割の日を除く。この日を「廃止日等」という。）における放射線取扱主任者（放射性同位元素

又は放射線発生装置を診療のために用いていた場合にあっては医師又は歯科医師を，放射性同位元素又は放射線発生装置を薬機法（昭和 35 年法律第 145 号）第 2 条に規定する医薬品，医薬部外品，化粧品又は医療機器の製造所において使用していた場合にあっては薬剤師を含む。）

ロ　イに掲げる者と同等以上の知識及び経験を有する者

(8) 個人の被ばくの記録及び健康診断の記録を原子力規制委員会が指定する機関に引き渡す。ただし，廃止の届出に係る者（法人）内に，他の許可届出使用者又は許可廃棄業者が存在する場合は，当該記録を許可届出使用者又は許可廃棄業者において保存することができる。

11.5　廃止措置計画の変更届

許可を取り消された者，使用等を廃止した者，死亡又は解散を届け出た者（相続人等）は，原子力規制委員会に届け出た廃止措置計画の記載事項を変更しようとするときは，変更後の廃止措置計画を作成し，あらかじめ，施行規則第 26 条第 5 項の規定により「廃止措置計画変更届」（別記様式第 35）に変更後の廃止措置計画を添えて，原子力規制委員会に届け出なければならない（法律第 28 条第 3 項）。

なお，法律第 10 条第 5 項に該当する軽微な変更を廃止措置の計画期間内に行った場合にあっては，特に廃止措置計画変更届の届け出は不要であるが，変更された廃止措置計画に従って廃止措置を実施することとなる（法律第 28 条第 4 項）。

11.6　使用の廃止等に伴う措置の報告

11．4 の廃止措置計画に従って実施した廃止措置が終了した者（許可を取り消された者，使用等を廃止した者，死亡又は解散を届けた者）は，遅滞なく，施行規則第 26 条第 6 項の規定により「許可の取消し，使用の廃止等に伴う措置の報告書」（別記様式第 36）に下記に示す添付書面(1)～(5) を添えて，原子力規制委員会に提出しなければならない。

表示付認証機器届出使用者については，遅滞なく，施行規則第 26 条の 2 第 4 項第 2 項の規定により「許可の取消し，使用の廃止等に伴う措置の報告書（別記様式第 36 に下記に示す添付書面(i)を添えて，原子力規制委員会に提出しなければならない（法律第 28 条第 5 項)。

(1) 所有する放射性同位元素を輸出し，許可届出使用者，届出販売業者，届出賃貸業者若しくは許可廃棄業者に譲り渡すか廃棄を委託したことを証明する書面，又は，借り受けている放射性同位元素を輸出し，又は許可届出使用者，届出販売業者，届出賃貸業者若しくは許可廃棄業者に返還したことを証明する書面

(2) 放射性同位元素による汚染を除去したことを証明する書面，又は，当該廃止措置に係る全ての放射性同位元素等又は放射線発生装置及び放射線施設を一体として譲り渡したことを証明する書面

(3) 放射性汚染物を許可廃棄業者に譲り渡したことを証明する書面，又は，許可使用者に当該廃止措置に係る全ての放射性同位元素等又は放射線発生装置及び放射線施設を一体として譲り渡したことを証明する書面

(4) 廃止措置計画の中で用意した帳簿（濃度確認に関する帳簿を除く。）

(5) 廃止日等が属する年度の法律第 25 条第 4 項の帳簿のうち放射性同位元素等の保管（保管廃棄を含む。）及び賃貸に係る帳簿

12．許可証等の再交付について

12.1　許可証の再交付

許可使用者及び許可廃棄業者が，許可証を汚し，損じ，又は失ったときは，施行規則第14項第1項の規定により「許可証再交付申請書」（別記様式第13）を原子力規制委員会に申請し，許可証の再交付を受けることができる（法律第12条）。

許可証を汚し，又は損じた場合には，所持している許可証を添えなければならない。また，許可証を失った場合，許可証の再交付を受けた後，失った許可証を発見したときは，速やかに，原子力規制委員会にこれを返納しなければならない（施行規則第14条第2項，第3項）。

12.2　放射線取扱主任者免状の再交付

免状を汚し，損じ，又は失った者でその再交付を受けようとするものは，別記様式第52による「放射線取扱主任者免状再交付申請書」を原子力規制委員会に提出しなければならない（施行規則第38条第1項）。

免状を汚し，又は損じた場合には，所持している免状を添えなければならない。また，免状を失った場合，免状の再交付を受けた後，失った免状を発見したときは，速やかに，原子力規制委員会にこれを返納しなければならない（施行規則第38条第2項，第3項）。

13. 報　告　徴　収

13.1　放射線施設の廃止に伴う措置の報告

許可届出使用者及び許可廃棄業者は，変更許可申請，変更届，軽微な変更届により，独立した放射線施設（独立した管理区域を含む。）を廃止したときは，廃止の日から 30 日以内に，放射性同位元素による汚染の除去その他の講じた措置を施行規則第 39 条第 1 項の規定により「放射線施設の廃止に伴う措置の報告書」（別記様式第 54）で，原子力規制委員会に報告しなければならない（法律第 42 条第 1 項）。

13.2　放射線管理状況報告

許可届出使用者又は許可廃棄業者は，事業所等ごとに，届出販売業者又は届出賃貸業者は，法人ごとに，施行規則第 39 条第 2 項の規定により「放射線管理状況報告書」（別記様式第 55）を毎年 4 月 1 日からその翌年の 3 月 31 日までの期間について作成し，当該期間の経過後 3 月以内（6 月 30 日まで）に原子力規制委員会に提出しなければならない（法律第 42 条第 1 項）。

13.3　その他の報告

許可届出使用者，表示付認証機器届出使用者，届出販売業者，届出賃貸業者，許可廃棄業者又はこれらの者から運搬を委託された者は，原子力規制委員会から，(1)～(3) に掲げる事項について期間を定めて報告を求められたときは，当該期間内に報告しなければならない（法律第 42 条第 1 項）。

(1)　放射線管理の状況

(2)　放射性同位元素の在庫及びその増減の状況

(3)　工場又は事業所の外において行われる放射性同位元素等の廃棄又は運搬の状況

14．登録認証機関等

国が行う認可事項を代行する機関が登録機関である。第7章は，設計認証を行う機関である登録認証機関をはじめとする登録業務を行う機関に関する規定であり，これを受けて登録認証機関等に関する規則及び登録運搬方法確認機関に関する省令が定められている。一連の規定は，登録認証機関（法律第39条）の条を元に，これ以降の登録検査機関等については，条文内容の同じものは用語の読み替えで対応し準用としている。以下，条文番号で二重下線を付したものは準用を示す。

(1) 原子力規制委員会（運搬方法の確認については国土交通大臣）は，設計認証等を行おうとする者に登録のための申請を行わせ，登録することができることとされており，このような登録機関として次の11種類の機関が定められている（法律第39条等)。

① 登録認証機関（法律第39条から第41条の14）

放射性同位元素装備機器について，法律第12条の2に規定する設計認証を行う。

② 登録検査機関（法律第41条の15及び第41条の16）

法律第12条の8及び第12条の9に規定する施設検査及び定期検査を行う。

③ 登録定期確認機関（法律第41条の17及び第41条の18）

法律第12条の10に規定する定期確認を行う。

④ 登録運搬方法確認機関（法律第41条の19及び第41条の20）

法律第18条第2項に規定する承認容器による運搬方法（国土交通大臣があらかじめ承認した積載方法によるものに限る。）に係る確認を行う。

⑤ 登録運搬物確認機関（法律第41条の21及び第41条の22）

法律第18条第2項に規定する承認容器による運搬物に係る確認

を行う。

⑥　登録埋設確認機関（法律第41条の23及び第41条の24）

法律第19条の2第2項に規定する廃棄物埋設に関する確認を行う。

⑦　登録濃度確認機関（法律第41条の25及び第41条の26）

法律第33条の3に規定する放射能濃度についての確認を行う。

⑧　登録試験機関（法律第41条の27から第41条の30）

法律第35条に規定する放射線取扱主任者試験の実施に関する事務を行う。

⑨　登録資格講習機関（法律第41条の31から第41条の34）

法律第35条に規定する放射線取扱主任者免状に係る講習を行う。

第1種／第2種／第3種　放射線取扱主任者講習

⑩　登録放射線取扱主任者定期講習機関（法律第41条の35から第41条の40）

法律第36条の2に規定する放射線取扱主任者の資質向上を図るための講習を行う。

⑪　登録特定放射性同位元素防護管理者定期講習機関（法律第41条の41から第41条の46）

法律第38条の3の読み替えによる第36条の2に規定する特定放射性同位元素防護管理者の資質の向上を図るための講習を行う。

なお，原子力規制委員会が登録機関を登録したときは，原子力規制委員会は，当該登録業務又は事務を行わない（法律第41条の14第1項）。また，上記登録を受ける者がいない場合等など不測の事態が生じた場合には，原子力規制委員会が自ら行うことができる（法律第41条の14第2項）。

⑵　登録機関が登録業務を行った場合は，その結果等を原子力規制委員会（又は国土交通大臣）に報告する（登録認証機関等に関する規則第4条等）。また，原子力規制委員会（又は国土交通大臣）は，法律の施行に必要な限度で，登録機関の事務所に立ち入り，帳簿，書類等を検査し，関係者に質問することができる（法律第43条の3）。

15．行政処分等について

許可届出使用者，表示付認証機器届出使用者，届出販売業者，届出賃貸業者，許可廃棄業者又はこれらの者から運搬を委託された者が法の要求する事項に従わない場合等において，放射線障害の防止という見地から特に必要であると判断されるとき，監督官庁としては，その安全性を確保するため，次のような措置をとりうる。

(1) 使用施設等の基準適合命令

許可使用者，届出使用者及び許可廃棄業者については，9.4で述べたとおりその使用施設等についての基準適合義務（法律第13条）が課せられるが，それらの施設が基準に適合していないとき，これに適合させるため，放射線施設の移転，修理又は改造を命ずることができる（法律第14条）。

この規定に基づく命令を受けた者が，その命令に従わない場合には，許可の取消し，放射性同位元素等の取扱いの停止に処せられるほか，罰則の適用がある（法律第26条，第51条，届出使用者にあっては第54条）。

この命令に従って使用施設等の移転，修理又は改造を行った結果，その内容が現申請書若しくは届出書に記載した内容と異なるようになる場合にはさらなる，変更の許可を受けるか，変更の届出をする必要がある。

(2) 許可の取消し等

【許可使用者，許可廃棄業者】

許可使用者又は許可廃棄業者が，次の①～⑳までの一つに該当する場合，原子力規制委員会は許可の取消し又は1年以内の期間で，放射性同位元素等の取扱いの停止を命ずることができる（法律第26条第1項）。

① 次のイ～ハのいずれかに該当する者に至った場合

イ この法律又はこの法律に基づく命令の規定に違反し，罰金以上の刑に処され，その執行を受け2年を経過していない者

ロ 精神の機能の障害により，放射線障害の防止のために必要な措置を適切に講ずるに当たって必要な認知，判断及び意思疎通を適切に行うことができない者

ハ 法人であって，その業務を行う役員のうちにイ～ハに該当する者が存在する場合（法律第5条）

② 許可に際して付けられた条件（許可の条件）に違反した場合

③ あらかじめ許可を受ける必要のある事項を，許可なくして変更した場合

④ 軽微な変更又は使用の場所の一時的変更の届出をしなければならない事項を，届出することなく変更を行った場合

⑤ 施設検査を受けないで施設を使用し，又は定期検査を受けなかった場合

⑥ 使用施設等をその技術上の基準に適合するように維持することを怠った場合

⑦ 使用施設等の基準適合命令に違反した場合

⑧ 使用等の技術上の基準（8章参照）に違反した場合

⑨ 使用の方法等の変更の命令に違反した場合

⑩ 運搬方法確認又は運搬物確認を受けないで運搬し，又は廃棄の確認を受けないで廃棄した場合

⑪ 測定の義務（9.12参照），健康診断の義務（9.15参照），放射線障害を受けた者又は受けたおそれのある者に対する保健上必要な措置を講ずる義務（9.16参照）又は記帳義務（9.17参照）に違反した場合

⑫ 特定放射性同位元素の防護に必要な措置を講ずること又は特定放射性同位元素の運搬に際しての取決めが締結されるように措置することについて違反した場合

⑬ 特定放射性同位元素の取扱いの是正，特定放射性同位元素の防護のための必要な措置の命令に違反した場合

⑭　特定放射性同位元素の運搬が開始される前に原子力規制委員会に届け出なければならない運搬の取決めの締結について，届出をせず又は虚偽の届出を行った場合

⑮　特定放射性同位元素に係わる帳簿を備え，必要な事項を記載し，又は保存しなかった場合

⑯　譲渡し，譲受け等の制限（9.32参照）又は所持の制限（9.33参照）に違反した場合

⑰　放射線取扱主任者又はその代理者の資格及び選任義務に違反した場合

⑱　放射線取扱主任者又はその代理者の解任が命ぜられ，その命令に違反した場合

⑲　特定放射性同位元素防護管理者又はその代理者の資格及び選任義務に違反した場合

⑳　特定放射性同位元素防護管理者又はその代理者の解任が命令され，その命令に違反した場合

【届出使用者，届出販売業者，届出賃貸業者】

届出使用者，届出販売業者又は届出賃貸業者が次の①〜⑯までの一つに該当する場合には，1年以内の期間を定めて放射性同位元素の使用，販売又は賃貸の停止を命じることができる（法律第26条第2項）。

①　あらかじめ届出を必要とする事項を，届け出ないで変更した場合

②　貯蔵施設をその技術上の基準に適合するように維持することを怠った場合

③　貯蔵施設の基準適合命令に違反した場合

④　使用・保管等の技術上の基準に違反した場合

⑤　使用・保管等の方法の変更の命令に違反した場合

⑥　運搬方法確認又は運搬物確認を受けないで運搬し，又は廃棄の確認を受けないで廃棄した場合，届出販売業者又は届出賃貸業者が放射性同位元素等の保管又は廃棄の委託をしなかった場合

⑦　測定の義務，健康診断の義務，放射線障害を受けた者又は受けたおそれのある者に対する保健上必要な措置を講ずる義務又は記帳義務に違反した場合

⑧　特定放射性同位元素の防護に必要な措置を講ずること又は特定放射性同位元素の運搬に際しての取決めが締結されるように措置することについて違反した場合

⑨　特定放射性同位元素の取扱いの是正，特定放射性同位元素の防護のための必要な措置の命令に違反した場合

⑩　特定放射性同位元素の運搬が開始される前に原子力規制委員会に届け出なければならない運搬の取決めの締結について，届出をせず又は虚偽の届出を行った場合

⑪　特定放射性同位元素に係わる帳簿を備え，必要な事項を記載し，又は保存しなかった場合

⑫　譲渡し，譲受けの制限又は所持の制限に違反した場合

⒀　放射線取扱主任者又はその代理者の資格及び選任義務に違反した場合

⒁　放射線取扱主任者又はその代理者の解任が命ぜられ，その命令に違反した場合

⒂　特定放射性同位元素防護管理者又はその代理者の資格及び選任義務に違反した場合

⒃　特定放射性同位元素防護管理者又はその代理者の解任が命令され，その命令に違反した場合

(2)の全てについて，許可の取消し等の処分の場合には後述の16.⑶の聴聞の機会がある。

⑶　使用の方法の変更等の措置命令

放射性同位元素又は放射線発生装置の使用等の取り扱いの基準（8章）に適合していないと認められるとき，原子力規制委員会は使用の方法の変更等の放射線障害の防止のために必要な措置を命ずることができる（法律第15条第2項等）。この命令に違反した場合には，罰則の適用がある。

⑷ 許可の取消し，使用の廃止に伴う措置命令

前述の 11．4 で説明した措置が適切でないと認められるとき，原子力規制委員会は，放射線障害を防止するために必要な措置を講ずるよう命ずることができる（法律第 28 条第 6 項）。

この命令が発せられる場合としては，放射性同位元素による汚染の除去が不十分な場合，あるいは放射性汚染物の廃棄の方法が不適当な場合が考えられる。この命令に違反した場合には，罰則の適用がある。

⑸ 危険時の措置命令

前述の 9．38 で説明した応急の措置を講じた場合において，危険性が大であり，許可届出使用者等の講じた措置に加えて放射線障害を防止するため緊急の必要があると認めるとき，原子力規制委員会は，放射性同位元素等の所在場所の変更，汚染の除去等放射線障害を防止するのに必要な措置を講ずるよう命ずることができる（法律第 33 条第 3 項）。この命令に違反した場合には，罰則の適用がある。

⑹ 放射線障害予防規程の変更命令

9．13 に記載した放射線障害予防規程について，放射線障害を防止するために必要があると認めるとき，原子力規制委員会は，放射線障害予防規程の変更を命ずることができる（法律第 21 条第 2 項）。この命令に違反した場合には，罰則の適用がある。

⑺ 放射線取扱主任者免状の返納命令

放射線取扱主任者免状の交付を受けた者が，この法律又はこれに基づく命令に違反したとき，原子力規制委員会は免状の返納を命ずることができる（法律第 35 条第 6 項）。この命令に違反した場合には，罰金の適用がある。

この処分の場合には，後述の 16. ⑶ の聴聞の機会がある。

⑻ 放射線取扱主任者，代理者の解任命令

放射線取扱主任者又はその代理者が，この法律又はこの法律に基づく命令に違反したとき，原子力規制委員会は，これらの者を選任した許可届出使用者，届出販売業者，届出賃貸業者又は許可廃棄業者に対して解任を命ずることができる（法律第 38 条）。

この命令に違反した場合には，法律第 26 条の規定による許可の取

消し又は使用等の停止を命ずることができる。

(9) 特定放射性同位元素の防護のために講ずる措置命令

特定放射性同位元素の防護のために講じている措置に違反が認められるとき，原子力規制委員会は，特定放射性同位元素の取扱方法の是正その他特定放射性同位元素の防護のために必要な措置を命ずることができる（法律第25条の3第2項）。この命令に違反した場合には，罰則の適用がある。

(10) 特定放射性同位元素防護規程の変更命令

9.20に記載した特定放射性同位元素防護規程について，特定放射性同位元素を防護するために必要があると認めるとき，原子力規制委員会は，特定放射性同位元素防護規程の変更を命ずることができる。（法律第25条の4第2項）。この命令に違反した場合には，罰則の適用がある。

(11) 特定放射性同位元素防護管理者，代理者の解任命令

特定放射性同位元素防護管理者又はその代理者が，この法律又はこの法律に基づく命令に違反したとき，原子力規制委員会は，これらの者を選任した許可届出使用者又は許可廃棄業者に対して解任することを命ずることができる（法律第38条の3による法律第38条の準用）。この命令に違反した場合には，法律第26条の規定による許可の取消し又は使用等の停止を命ずることができる。

16. その　他

⑴ 放射線検査官

この法律の施行若しくはこれに基づく命令の実施を確保するため，原子力規制委員会に放射線検査官が置かれている。

放射線検査官は，放射線障害の防止及び特定放射性同位元素の防護について相当の知識及び経験を有する者で，50人を定数としている(法律第43条，施行令第30条)。

⑵ 立入検査

原子力規制委員会は，放射線検査官に許可届出使用者等の工場又は事業所等へ立ち入り，帳簿，書類等を検査させ，関係者に質問させ，又は検査のため必要な最小限度において，放射性同位元素若しくは放射性汚染物を収去させることができる。

なお，事業所外運搬に関しては，国土交通大臣又は都道府県公安委員会にも同様に立入検査の権限がある（法律第43条の2）。

⑶ 聴　聞

原子力規制委員会は，法律第26条による使用，販売，賃貸又は廃棄の停止の命令をしようとするときは，行政手続法（平成5年法律第88号）第13条第1項の規定による意見陳述のための手続の区分にかかわらず，聴聞を行わなければならない（法律第44条第1項）。

法律第12条の7による設計認証又は特定設計認証の取消し，法律第26条による許可の取消し等（15 ⑵参照），法律第35条第6項による放射線取扱主任者免状の返納命令（15 ⑺参照），法律第41条の12による登録の取消しの処分に係る聴聞の期日における審理は，公開により行わなければならない（法律第44条第2項）。

聴聞の主宰者は，行政手続法第17条第1項の規定により当該処分に係る利害関係人が当該聴聞に関する手続に参加することを求めたときは，これを許可しなければならない（法律第 44 条第 3 項）。

⑷　審査請求

① この法律の規定による登録機関等の処分に不服がある者は，原子力規制委員会に対し，登録運搬方法確認機関の処分に不服がある者は，国土交通大臣に対し，行政不服審査法（平成 26 年法律第 68 号）による審査請求をすることができる（法律第 45 条）。

⑸　公　示

原子力規制委員会（又は国土交通大臣）は，設計認証又は特定設計認証若しくはその取消しをしたとき，又は登録機関の登録等を行ったときは，その旨を官報に公示しなければならない（法律第 45 条の 2）。

⑹　関係行政機関との協議

原子力規制委員会は，使用の許可の基準及び廃棄の業の許可の基準，届出使用の貯蔵施設の技術上の基準並びに測定，放射線障害予防規程，健康診断，放射線障害を受けた者又は受けたおそれのある者に対する措置に関する施行規則を制定する場合には，あらかじめ，関係行政機関の長に協議しなければならない（法律第 46 条）。

⑺　関係行政機関への連絡

原子力規制委員会は，使用の許可，廃棄の業の許可，使用施設若しくは廃棄施設等の変更の許可をし，放射性同位元素装備機器の設計認証若しくは特定設計認証をし，設計認証の取消し，使用施設等の基準適合命令を発し，許可の取消し等の処分をし又は使用，販売及び賃貸の業の届出若しくは使用，販売及び賃貸の業の変更届出があったときは，その旨を関係行政機関の長に連絡しなければならない。

また，原子力規制委員会は，使用の許可，廃棄の業の許可，使用施設等の変更若しくは廃棄施設等の変更の許可をし，許可の取消し等の処分をし，使用，販売及び賃貸の業の届出，使用，販売及び賃貸の業の変更届出若しくは使用施設の廃止届出，使用の廃止等に伴う措置の届出があったときは，遅滞なく，その旨を国家公安委員会，海上保安庁長官又は消防庁長官に連絡しなければならない（法律第 47 条）。

⑻　労働安全衛生法との関係等

労働安全衛生法及びこれに基づく法令により，労働基準監督官が労働者に対する放射線障害の防止についての権限の行使は，この法律とは別に行うことになる。

また，厚生労働大臣は，労働者に対する放射線障害を防止するため，特に必要があると認める場合においては，原子力規制委員会に対し勧告することができる（法律第 48 条）。

⑼ 国家公安委員会等との関係

原子力規制委員会は，特定放射性同位元素防護規程又は特定放射性同位元素防護管理者の届出があったときは，遅滞なく，国家公安委員会，海上保安庁長官に連絡しなければならない。国家公安委員会等は，公共の安全の維持又は海上の安全の維持のため特に必要があると認めるときは，原子力規制委員会に意見を述べることができる。

国家公安委員会は，当該都道府県警察の職員に，海上保安庁長官はその職員に，許可届出使用者又は許可廃棄業者の事務所又は工場若しくは事業所に立ち入り，その者の帳簿，書類その他必要な物件を検査させ，又は関係者に質問させることができる（法律第 48 条の 2）。

⑽ 環境大臣との関係

環境大臣は，廃棄物（廃棄物の処理及び清掃に関する法律における廃棄物）の適正な処理を確保するため必要があると認めるときは，放射能濃度の確認に関し原子力規制委員会に意見を述べることができる。

また，原子力規制委員会は，濃度確認をし，放射能濃度の測定及び評価の方法の認可をしたときは，環境大臣に連絡を行い，濃度確認を受けた物が廃棄物となった場合におけるその処理に関し，協力を求めることができる（法律第 48 条の 3）。

⑾ 手数料について

手数料の納付が規定されている（法律第 49 条，施行令第 31 条）。

この規定は，国及び独立行政法人通則法（平成 11 年法律第 103 号）第 2 条第 1 項に規定する独立行政法人であって施行令で指定されているものについては適用されない（法律第 49 条第 2 項，第 50 条）。ただし，法律第 49 条の手数料の規定は，登録機関の行うものを除いているので，登録機関の行う検査等を受ける場合は，国であっても別途定められている手数料を納付する必要がある。

⑿ 外国船舶に係る担保金等の提供による釈放等

次に掲げる罪にあたる事件に関して，外国船舶の船長及びその他の乗組員が逮捕された場合及び罪を犯したことを疑うに足りる相当な理由があると認められる場合は，取締官（司法警察員である警察官及び海上保安官）は，担保金等の提供を条件に，違反者の釈放及び押収物の返還をしなければならない（法律第62条，63条）。

① 海洋投棄の制限違反（法律第52条，53条の2）

② 法律第42条1項，3項の報告をせず，又は虚偽の報告をした者（17 ⑸ ⑮ 参照）

③ 放射線検査官等の立入検査，収去を拒み，妨げ，若しくは忌避し，又は質問に対して陳述をせず，若しくは虚偽の陳述をした者（17 ⑸ ⑯, ⑹ 参照）

その後違反者が求められた期日及び場所に出頭しない場合又は提出を求められた押収物が提出されなかった場合には，担保金は返還されない（法律第64条）。

17. 罰　　　則

放射線等により人の生命に危害を与える行為については，別の法律で規定されている（**付表19**）。したがって，放射性同位元素等規制法で定める使用等の行為についての罰則規定である。

法律第51条以降に規定されているとおりであり，この法律の条項違反の罰則は，次のように規定している。

なお，登録機関に関する罰則（法律第53条，第56条，第58条）は省略する。

⑴　**3年以下の懲役若しくは300万円以下の罰金又は併科の場合**（法律第51条）

①　法律第3条第1項，第4条の2第1項の許可を受けないで使用，廃棄の業をした者

②　法律第26条第1項の規定による使用又は廃棄の停止の命令に違反した者

③　法律第26条の4第1項の許可を受けないで廃棄物埋設地又は廃棄物詰替施設等を譲り受けた者

⑵　**1年以下の懲役若しくは100万円以下の罰金又は併科の場合**（法律第52条）

①　法律第9条第4項に違反し，許可証を他人に譲り渡し又は貸与した者

②　法律第10条第2項，第11条第2項の規定に違反し，許可使用者，許可廃棄業者で，許可を必要とする事項を許可を受けないで変更した者

③　法律第12条の7第2項（認証機器製造者等）の規定による命令に違反した者

④　法律第12条の8第1項・第2項，第29条，第30条，第30条の

2第1項（(4)①の場合を除く），第31条の施設検査，譲り渡し・譲り受け等の制限，所持の制限，海洋投棄の制限，取扱いの制限に違反した者

⑤　法律第14条の使用施設等の基準適合命令に違反した者

⑥　法律第15条第2項，第16条第2項，第17条第2項，第18条第4項（第25条の2第2項の規定により読み替える場合を含み，第25条の2第3項において準用する同第2項の読み替えを含む。），第19条第3項の使用・保管の方法の変更，運搬・廃棄の停止，必要な措置命令に違反した者

⑦　法律第25条の3第2項の防護のために必要な措置の命令に違反した者

⑧　法律第28条第1項の使用の廃止等に伴う措置等の規定に違反し，又は同条第6項の規定による原子力規制委員会からの措置命令に違反した者

⑨　法律第31条の2の規定に違反して，放射線障害が発生するおそれのある事故又は放射線障害が発生した事故が生じた場合に，原子力規制委員会への報告をせず，又は虚偽の報告をした者

⑩　法律第34条，第37条に違反し，放射線取扱主任者又はその代理者の選任をしなかった者

⑪　法律第33条第1項の危険時に，応急の措置をせず，又は同条第3項の原子力規制委員会からの措置命令に違反した者

⑫　法律第38条の2第1項の規定に違反し，特定放射性同位元素防護管理者又はその代理者を選任しなかった者

⑬　法律第42条第1項（運搬を委託された者を除く）の報告をせず，又は虚偽の報告をした者

⑭　法律第43条の2第1項（運搬を委託された者を除く）による放射線検査官等の立入検査，収去を拒み，妨げ，若しくは忌避し,又は質問に対しての陳述をせず，若しくは虚偽の陳述をした者

⑮　法律第48条の2第4項・第5項による都道府県警察官又は海上保安官による立入り若しくは検査を拒み，妨げ，若しくは忌避し，又は質問に対しての陳述をせず，若しくは虚偽の陳述をした者

法律第53条については省略（登録機関関係）

(3)　1,000万円以下の罰金の場合（法律第53条の2）

①　我が国の領海の外側の海域にある外国船舶において海洋投棄の制限に違反した者

(4)　300万円以下の罰金の場合（法律第54条）

①　法律第3条の2第1項による届出をせず又は虚偽の届出をして使用した者

②　法律第3条の3第1項による届出をせず又は虚偽の届出をして表示付認証機器の使用をした者

③　法律第4条第1項による届出をせず又は虚偽の届出をして放射性同位元素を業として販売又は賃貸した者

④　法律第8条第1項の許可の条件に違反した者

⑤　法律第12条の5第2項又は第3項に違反し，認証機器に表示を付けた者

⑥　法律第13条の施設の基準適合義務を怠った者

⑦　法律第15条第1項から第19条までの使用等に係る行為基準に違反した者

⑧　法律第18条第2項の運搬の確認を受けず，又は届出を行わず運搬した者

⑨　法律第19条の2の廃棄確認を受けず廃棄した者及び埋設確認を受けずに埋設した者

⑩　法律第25条の3第1項の防護のために必要な措置を講じなかった者

⑪　法律第26条第2項の使用又は販売若しくは賃貸の停止命令に違反した者

(5)　100万円以下の罰金の場合（法律第55条）

①　法律第3条の2第2項に規定する届出をせずに同項に規定する事項を変更した者

②　法律第4条第2項に規定する届出をせずに同項に規定する事項を変更した者

③　法律第 10 条第 5 項に規定する届出をせず又は虚偽の届出をして同条第 2 項に規定する軽微な変更をした者

④　法律第 10 条第 6 項に規定する届出をせず又は虚偽の届出をして使用の場所（一時的な使用の場所）を変更した者

⑤　法律第 12 条の 4 第 2 項の検査記録を作成せず，若しくは虚偽の記録をし，又は検査記録を保存しなかった者

⑥　法律第 12 条の 9 第 1 項の定期検査，第 12 条の 10 の定期確認を拒み，妨げ，又は忌避した者

⑦　法律第 18 条第 8 項の警察官の停止命令に従わず，若しくは妨げ，又は経路の変更等の命令に従わなかった者

⑧　法律第 20 条の測定，記録，保存義務に違反した者

⑨　法律第 22 条の放射線障害防止に関する教育及び訓練を施さなかった者

⑩　法律第 23 条の健康診断を行わなかった者

⑪　法律第 24 条の放射線障害を受けた者，又は受けたおそれのある者に使用施設等への立入り制限その他保健上必要な措置を講じなかった者

⑫　法律第 36 条の 3 第 2 項の研修を受けさせなかった者

⑬　法律第 25 条第 1 項の記帳義務規定に違反し，若しくは虚偽記載をし，帳簿を保存しなかった者

⑭　法律第 25 条の 7 の特定放射性同位元素に係る報告をせず，又は虚偽の報告をした者

⑮　法律第 25 条の 8 の特定放射性同位元素の防護の教育訓練に違反した者

⑯　法律第 25 条の 9 第 1 項・第 3 項の特定放射性同位元素の防護に関する帳簿を備えず，帳簿に記載せず，若しくは虚偽の記載をし，同帳簿等を保管しなかった者

⑰　法律第 27 条第 1 項・第 2 項の使用の廃止等の届出，法律第 32 条の警察官等への届出をせず，又は虚偽の報告をした者

⑱　法律第 28 条第 2 項又は第 4 項の廃止措置計画に違反して措置を講じた者

⑲　法律第 28 条第 5 項の許可の取り消し等による廃止処置計画に違反し，若しくは報告せず，又は虚偽の報告をした者

⑳　法律第 42 条第 1 項（運搬を委託された者）若しくは第 3 項の報告をせず，又は虚偽の報告をした者

㉑　法律第 43 条の 2 第 1 項（運搬を委託された者）又は第 2 項による放射線検査官等の立入検査，収去を拒み，妨げ，若しくは忌避し，又は質問に対して陳述をせず，若しくは虚偽の陳述をした者

法律第 56 条については省略（登録機関関係）

(6) 法人の代表者又は法人若しくは人の代理人その他の従業者が法人又は人の業務に関し，前記 (2) から (5) までに該当する違反行為をしたとき，その行為者が罰せられるほか，その法人又は人に対しても，各項の罰金刑が科せられる（法律第 57 条）。

法律第 58 条については省略（登録機関関係）

(7)　20 万円以下の過料の場合（法律第 59 条）

①　法律第 21 条第 1 項の放射線障害予防規程の届出をせず，又は同条第 2 項の放射線障害予防規程の変更命令に違反した者

②　法律第 25 条の 4 第 1 項の特定放射性同位元素防護規程を届出せず，又は同条第 2 項の同規程の変更命令に違反した者

③　法律第 25 条の 6 第 2 項の取決めの締結について届出をせず，又は虚偽の届出をした者

④　法律第 26 条の 2 第 8 項による届出をしなかった者

⑤　法律第 34 条第 2 項の放射線取扱主任者の選任・解任，又は第 37 条第 3 項の放射線取扱主任者の代理者の選任・解任の届出をしなかった者

⑥　正当な理由なく，法律第 35 条第 6 項による放射線取扱主任者免状の返納命令に違反し，これを返納しなかった者

⑦　法律第 38 条の 2 第 2 項の特定放射性同位元素防護管理者の選任・解任，又は同代理者の選任・解任の届出をしなかった者

⑻ 10 万円以下の過料の場合（法律第 60 条）

① 法律第 3 条の 2 第 3 項，同第 3 条の 3 第 2 項，同第 4 条第 3 項，第 10 条第 1 項又は同第 11 条第 1 項による氏名等の変更の届出をしなかった者

② 法律第 10 条第 4 項，第 11 条第 4 項により，原子力規制委員会に許可証を提出しなければならないのに，許可証の提出をしなかった者

③ 法律第 21 条第 3 項による放射線障害予防規程の変更の届出をしなかった者

④ 法律第 25 条の 4 第 3 項による特定放射性同位元素防護規程の変更の届出をしなかった者

⑤ 法律第 26 条の 3 第 2 項による相続の届出をしなかった者

以上の罰則に関する規定は，国に対しては適用がない（法律第 50 条）。

付　　表

付表 1　放射性同位元素の規制体系の全体像

規制の区分	許可届出使用者			表示付認証機器届出使用者	届出販売業者・届出賃貸業者	許可廃棄業者	表示付特定認証機器の使用をする者
	特定許可使用者	許可使用者	届出使用者				
許可・届出の別	許可		届出	届出(使用許可・届出とは別の届出)	届出	許可	不要
取り扱う放射性同位元素及びその行為	施行令で定める数量を超える放射性同位元素の使用		許可を要するものを除く放射性同位元素の使用	表示付認証機器等の認証条件に従った使用	放射性同位元素の業としての販売又は賃貸(表示付特定認証機器の販売又は賃貸を除く)	放射性同位元素又は放射性同位元素によって汚染された物の業としての廃棄	表示付認証機器等の認証条件に従った使用
	(表示付認証機器の認証条件に従った使用，表示付特定認証機器の使用を除く。)						
取扱いの基準の適用 使用の基準	○		○	—	—	—	—
取扱いの基準の適用 保管の基準	○		○	—	○(許可届出使用者に委託)	○	—
取扱いの基準の適用 運搬の基準	○		○	—	○	○	—
取扱いの基準の適用 廃棄の基準	○		○	○(許可届出使用者，許可廃棄業者に委託)	○(許可届出使用者，許可廃棄業者に委託)	○	○(許可届出使用者，許可廃棄業者に委託)
測定，教育及び訓練等の義務	○		○	—	—	○	—
放射線障害予防規程	○		○	—	○	○	—
施設検査，定期検査，定期確認	○	—	—	—	—	○	—

規制の区分	許可届出使用者				表示付認証機器届出使用者	届出販売業者・届出賃貸業者	許可廃棄業者	表示付特定認証機器の使用をする者
	特定許可使用者	許可使用者		届出使用者				
該当するものの例	ガンマナイフ，放射線発生装置，大量の非密封の放射性同位元素等	非密封の放射性同位元素	非破壊検査装置等	レベル計密度計等（設計認証を受けなかった機器）	ガスクロマトグラフ用ECD放射線計測器校正用線源　等	—	—	煙感知器レーダー受信部切換放電管等
放射線取扱主任者	1種	1種	2種	3種	不要	3種	1種	不要
備考	販売・賃貸のために直接取り扱う場合を含む				認証条件に従った使用をしない場合は数量に応じて許可又は届出	所持の制限のため販売・賃貸の資格では運搬する場合を除き，所持できない	—	認証条件に従った使用を行わない場合は所持制限違反となる。あらかじめ届出

表示付認証機器使用者とは表示付認証機器を所持している者を指し，廃棄の基準が課せられている。当該機器の認証条件に従った使用を開始したときは開始の日から30日以内に原子力規制委員会に届出を行い，表示付認証機器届出使用者となる。

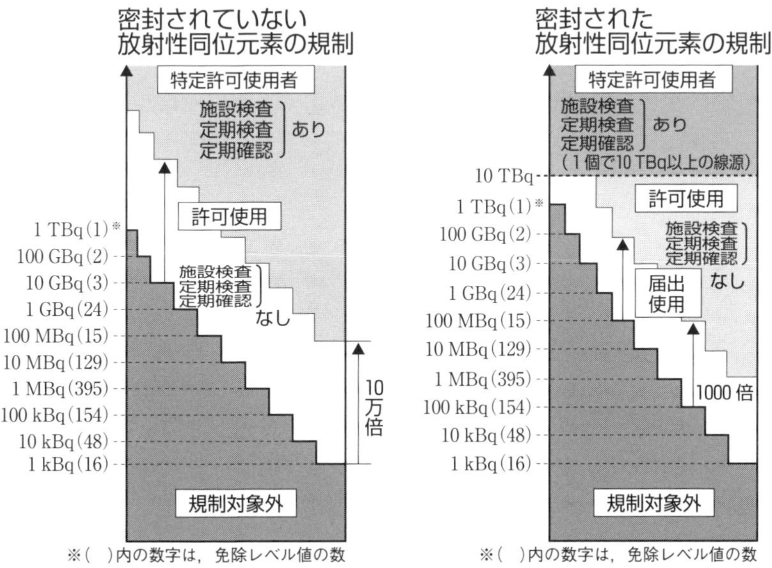

付表２　主な数値のまとめ

⑴　放射線を放出する同位元素の数量及び濃度の定義

放射性同位元素とは，放射線を放出する同位元素及び化合物並びにこれらの含有物で，下記の数量及び濃度がその種類ごとに原子力規制委員会が定める数量（下限数量）及び濃度を超えるもの。

・密封されている放射性同位元素
……線源１個（１式又は１組）当たり

・密封されていない放射性同位元素
……工場又は事業所に存在する総量及び容器１個当たり

ⅰ　数量

イ　１種類の場合

次表の第１欄に掲げる種類に応じて第２欄に掲げる数量

ロ　２種類以上の場合

次表の第１欄の種類の放射線を放出する同位元素のそれぞれの数量の第２欄の数量に対する割合の和が１となるようなそれらの数量

ⅱ　濃度

イ　１種類の場合

次表の第１欄に掲げる種類に応じて第３欄に掲げる濃度

ロ　２種類以上の場合

次表の第１欄の種類の放射線を放出する同位元素のそれぞれの濃度の第３欄の濃度に対する割合の和が１となるようなそれらの濃度

数量告示別表第 1（第 1 条関係）（抄）
放射線を放出する同位元素の数量及び濃度（主な核種のみ）

第 1 欄		第 2 欄	第 3 欄
放射線を放出する同位元素の種類		数量 (Bq)	濃度 (Bq/g)
核種	化学形等		
^{3}H		1×10^{9}	1×10^{6}
^{14}C	一酸化物及び二酸化物以外のもの	1×10^{7}	1×10^{4}
^{22}Na		1×10^{6}	1×10^{1}
^{32}P		1×10^{5}	1×10^{3}
^{33}P		1×10^{8}	1×10^{5}
^{35}S	蒸気以外のもの	1×10^{8}	1×10^{5}
^{45}Ca		1×10^{7}	1×10^{4}
^{51}Cr		1×10^{7}	1×10^{3}
^{57}Co		1×10^{6}	1×10^{2}
^{60}Co		1×10^{5}	1×10^{1}
^{63}Ni		1×10^{8}	1×10^{5}
^{90}Sr	放射平衡中の子孫核種を含む。	1×10^{4}	1×10^{2}
^{123}I		1×10^{7}	1×10^{2}
^{125}I		1×10^{6}	1×10^{3}
^{131}I		1×10^{6}	1×10^{2}
^{137}Cs	放射平衡中の子孫核種を含む。	1×10^{4}	1×10^{1}
^{133}Ba		1×10^{6}	1×10^{2}
^{226}Ra	放射平衡中の子孫核種を含む。	1×10^{4}	1×10^{1}
^{241}Am		1×10^{4}	1×10^{0}
その他の同位元素	アルファ線を放出するもの	1×10^{3}	1×10^{-1}
	アルファ線を放出しないもの	1×10^{4}	1×10^{-1}

⑵ 施設検査・定期検査・定期確認の対象者と期間

区　　分		施設検査 (第12条の8)	定期検査 定期確認 (第12条の9, 第12条の10)
特定許可使用者	⑴ 密封された放射性同位元素 10 TBq（1 個 又 は 1 式）以上の使用又は保管	有	有 5 年以内
	⑵ 放射線発生装置の使用	有	有 5 年以内
	⑶ 密封されていない放射性同位元素の貯蔵能力がその種類ごとの下限数量に 10 万を乗じて得た数量以上の使用又は保管	有	有 3 年以内
許可廃棄業者		有	有 3 年以内

(3)　線量限度，濃度限度等

	外部線量	空気中濃度	排気中又は空気中濃度	排液又は排水中濃度	表面密度
管理区域	3月間につき1.3 mSvを超える場所	3月間についての平均濃度が濃度限度の1/10を超える場所	——	——	表面密度限度の1/10を超える場所
使用施設内の人が常時立ち入る場所	1週間につき1 mSv以下	1週間についての平均濃度が濃度限度以下	——	——	表面密度限度以下
排気設備，排水設備の能力等	排気中並びに廃液中の濃度を濃度限度以下とできない設備の場合等における工場又は事業所等の境界1年間につき1 mSv以下（廃棄施設の基準）4月1日を始期とする1年間につき1 mSv以下（廃棄の基準）	——	3月間についての平均濃度が濃度限度以下（排気口）	3月間についての平均濃度が濃度限度以下（排水口）	——
工場又は事業所の境界等	3月間につき250 μSv以下，ただし病院又は診療所の病室においては3月間につき1.3 mSv以下	——	3月間についての平均濃度が濃度限度以下	3月間についての平均濃度が濃度限度以下	——

⑷ 線量限度

線量限度	測定部位	放射線業務従事者
実効線量限度	全　　身	⑴ 実効線量限度 ・100 mSv/ 5 年*1 ・50 mSv/年*2 ⑵ 女子*3 5 mSv/ 3 月*4 ⑶ 妊娠中の女子　許可届出使用者又は許可廃棄業者が妊娠の事実を知ったときから出産までの間につき ・内部被ばく　1 mSv
等価線量限度	眼の水晶体	100 mSv/ 5 年*1 50 mSv/年*2
	皮　　膚	500 mSv/年*2
	妊娠中である女子の腹部表面	許可届出使用者又は許可廃棄業者が妊娠の事実を知ったときから出産までの間につき　2 mSv
緊急作業に係る線量限度 （女子については妊娠不能と診断された者及び妊娠の意思のない旨を許可届出使用者又は許可廃棄業者に書面で申し出た者に限る。）		⑴ 実効線量　100 mSv ⑵ 等価線量 眼の水晶体　300 mSv 皮膚　1 Sv

＊1　平成 13 年 4 月 1 日以降 5 年ごとに区分した各期間

＊2　4 月 1 日を始期とする 1 年間

＊3　妊娠不能と診断された者，妊娠の意思のない旨を許可届出使用者又は許可廃棄業者に書面で申し出た者及び妊娠中の者を除く。

＊4　4 月 1 日，7 月 1 日，10 月 1 日及び 1 月 1 日を始期とする各 3 月間

付表 3　主な核種のA型輸送物の収納限度及び免除濃度・免除の量

（平成 2 年 11 月 28 日科学技術庁告示第 7 号別表第 1 より）

第 1 欄	第 2 欄	第 3 欄	第 4 欄	第 5 欄
核種	特別形 （A_1 値）	非特別形 （A_2 値）	放射能濃度 （免除濃度）	放射能の量 （免除量）
^{3}H	40 TBq	40 TBq	1 MBq/g	1 GBq
^{14}C	40 TBq	3 TBq	10 kBq/g	10 MBq
^{22}Na	500 GBq	500 GBq	10 Bq/g	1 MBq
^{32}P	500 GBq	500 GBq	1 kBq/g	100 kBq
^{33}P	40 TBq	1 TBq	100 kBq/g	100 MBq
^{35}S	40 TBq	3 TBq	100 kBq/g	100 MBq
^{45}Ca	40 TBq	1 TBq	10 kBq/g	10 MBq
^{51}Cr	30 TBq	30 TBq	1 kBq/g	10 MBq
^{57}Co	10 TBq	10 TBq	100 Bq/g	1 MBq
^{60}Co	400 GBq	400 GBq	10 Bq/g	100 kBq
^{63}Ni	40 TBq	30 TBq	100 kBq/g	100 MBq
^{68}Ge	500 GBq	500 GBq	10 Bq/g	100 kBq
^{85}Kr	10 TBq	10 TBq	100 kBq/g	10 kBq
^{90}Sr	300 GBq	300 GBq	100 Bq/g	10 kBq
^{99}Mo	1 TBq	600 GBq	100 Bq/g	1 MBq
^{99m}Tc	10 TBq	4 TBq	100 Bq/g	10 MBq
^{123}I	6 TBq	3 TBq	100 Bq/g	10 MBq
^{125}I	20 TBq	3 TBq	1 kBq/g	1 MBq
^{131}I	3 TBq	700 GBq	100 Bq/g	1 MBq
^{137}Cs	2 TBq	600 GBq	10 Bq/g	10 kBq
^{133}Ba	3 TBq	3 TBq	100 Bq/g	1 MBq
^{147}Pm	40 TBq	2 TBq	10 kBq/g	10 MBq
^{192}Ir	1 TBq	600 GBq	10 Bq/g	10 kBq
^{226}Ra	200 GBq	3 GBq	10 Bq/g	10 kBq
^{241}Am	10 TBq	1 GBq	1 Bq/g	10 kBq

＊　放射性輸送物とならないものは，次のどちらかに該当するもの

・放射能濃度（免除濃度）：第 1 欄の種類に応じ，第 4 欄に掲げる放射能濃度未満のもの

・放射能の量（免除量）：一の荷送人により放射性同位元素を運搬するに当たり，当該放射性同位元素の放射能の量が，第 1 欄の種類に応じ，第 5 欄の放射能の量未満のもの

付表4　輸送物に係る構造等の基準

基　準	放射性輸送物の区分					
	L型	A型	B型		IP型	
			BM	BU	IP-1，2	IP-3
1. 容易，安全に取扱うことができる	○	○	○		○	○
2. 運搬中に亀裂，破損等のおそれがないこと	○	○	○		○	○
3. 不要な突起物等がなく，除染が容易	○	○	○		○	○
4. 材料，収納物相互間の物理的，化学的安定性	○	○	○		○	○
5. 弁の誤操作防止措置	○	○	○		○	○
6. 開封時に見やすい位置に「放射性」又は「RADIOACTIVE」の表示	○	—	—		—	—
7. 外接する直方体の各辺が10 cm以上	—	○	○		○	○
8. みだりに開封されないようシール等の貼付け等の措置	—	○	○		—	○
9. −40 ℃〜70 ℃の範囲の温度に対し，構成部品が亀裂等を生じないこと	—	○	○		—	○
10. 周囲の圧力を60 kPaとした場合に放射性同位元素が漏えいしないこと	—	○	○		—	○
11. 液体状の放射性同位元素等を収納する場合						
イ　輸送物の2倍以上の液体を吸収できる吸収材又は二重の密封装置を有していること	—	○	—		—	—
ロ　温度変化，運搬時影響，注入時の挙動に対処しうる適切な空間	—	○	○		—	○
12. 放射性同位元素の使用等に必要な書類等以外のものの収納禁止	○	○	○		○	○
13. 運搬途中に予想できる最低温度から38 ℃までの温度で亀裂・破損なし	—	—	○	—	—	—
14. −40 ℃〜38 ℃の温度で亀裂・破損なし	—	—	—	○	—	—
15. フィルタ，機械的冷却装置を用いなくとも濾過冷却が可能	—	—	—	○	—	—
16. 最高使用圧力が700 kPa	—	—	—	○	—	—
17. 1 cm線量当量率の最大値が基準値以下						
1）輸送物表面（μSv/h）	5	2，000				
2）輸送物表面から1 m（μSv/h）	—	100				
18. 輸送物表面の非固定性の放射性同位元素の密度（輸送物表面密度）	アルファ核種　≦0.4 Bq/cm² アルファ核種以外 ≦4 Bq/cm²					

・表中の○は左欄の項目が適用され，—は適用されないことを示す。

・施行規則第18条の4から第18条の10参照

付表 5　輸送物に係る試験基準

<table>
<tr><th rowspan="3">基　準</th><th colspan="5">放射性輸送物の区分</th></tr>
<tr><th colspan="2">IP型</th><th rowspan="2">A型</th><th colspan="2">B型</th></tr>
<tr><th>IP-2</th><th>IP-3</th><th>BM</th><th>BU</th></tr>
<tr><td>【1. 一般の試験条件】
(1) 水の吹き付け試験
50 mm/hの雨量に相当する水を 1 時間吹き付ける</td><td>—</td><td>○</td><td>○</td><td colspan="2">○</td></tr>
<tr><td colspan="6">＊(1) の条件の下に置いた後，(2)〜(4) の条件下に置く。ただし，(2) ② に関しては，(2) ①，(3)，(4) と別の供試物と別個の供試物を用いること</td></tr>
<tr><td>(2) 自由落下試験
最大の破損を及ぼすように落下させる
① 5 , 000 kg未満は 1 . 2 mの高さから落下，その他重さによる区分がある
② 50 kg以下のファイバー板製又は木製の直方体のものは，それぞれの角に対して 0 . 3 mの高さから落下，その他重さによる区分がある。この試験は別の供試物を用いる</td><td>○</td><td>○</td><td>○</td><td colspan="2">○</td></tr>
<tr><td>(3) 積み重ね試験
その重量の 5 倍に相当する荷重又は鉛直投影面積に 13 kPaを乗じて得た値に相当する荷重のどちらか大きい方を 24 時間加える</td><td>○</td><td>○</td><td>○</td><td colspan="2">○</td></tr>
<tr><td>(4) 貫通試験
重量が 6 kg，直径 3 . 2 cmで，その先端が半球状の棒を 1 mの高さから輸送物の最も弱い部分に落下させる</td><td>—</td><td>○</td><td>○</td><td colspan="2">○</td></tr>
<tr><td>(5) 環境試験
38 ℃の環境に 1 週間放置，太陽の放射熱を加える</td><td>—</td><td>—</td><td>—</td><td colspan="2">○</td></tr>
<tr><td>【2. 一般の試験条件に対する適合基準】
(1) 放射性同位元素の漏えいがないこと</td><td>○</td><td>○</td><td>○</td><td colspan="2">—</td></tr>
<tr><td>(2) 放射性同位元素の 1 時間当たりの漏えい量がA_2値×10^{-6}を超えないこと</td><td>—</td><td>—</td><td>—</td><td colspan="2">○</td></tr>
<tr><td>(3) 表面での 1 cm線量当量率の最大値
著しく増加せず，かつ，2 mSv/hを超えてはならない</td><td>○</td><td>○</td><td>○</td><td colspan="2">○</td></tr>
<tr><td>(4) 輸送物表面温度が 50 ℃(専用積載の場合 85 ℃)以下</td><td>—</td><td>—</td><td>—</td><td colspan="2">○</td></tr>
<tr><td>(5) 表面の放射性同位元素の密度が輸送物表面密度を超えないこと</td><td>—</td><td>—</td><td>—</td><td colspan="2">○</td></tr>
<tr><td>【3. 追加の試験条件】
液体状又は気体状の放射性同位元素等[*1]を収納したA型輸送物に係る追加の試験条件
9 mの高さから最大の破損を及ぼすように落下させる。又は 1 . 7 mの高さから 1 . (4) に記載の棒を最も弱い部分に落下させる</td><td>—</td><td>—</td><td>○</td><td colspan="2">—</td></tr>
<tr><td>【4. 追加の試験条件に対する当該輸送物の適合基準】
放射性同位元素の漏えいがないこと</td><td>—</td><td>—</td><td>○</td><td colspan="2">—</td></tr>
</table>

基　準	放射性輸送物の区分				
	IP型		A型	B型	
	IP-2	IP-3		BM	BU
【5. 特別の試験条件】 ⑴ 自由落下試験 最大の破損を受けるように，9 mの高さから落下させる。ただし，重量500 kg以下で比重が1以下で，かつ，非特別形でA_2値×10^3を超えるものは，重量が500 kgの縦横1 m，下面の端部および隅角部の曲率半径が6 mm以下の軟鋼板を9 mの高さから当該輸送物が最大の破損を受けるように水平に落下させることに代える	—	—	—	○	
⑵ 貫通試験 垂直に固定した直径15 cm，長さ20 cmの軟鋼丸棒であって，その上面が滑らかな水平面で，その端部の曲率半径が6 mm以下のものに1 mの高さから輸送物を落下させる	—	—	—	○	
⑶ 耐火試験＊2　800 ℃で30分	—	—	—	○	
⑷ 浸漬試験 深さ15 mの水中に8時間浸漬させる	—	—	—	○	
【6. 特別の試験条件に対する適合基準】 ⑴ 表面から1 m 離れた位置での1 cm線量当量率の最大値が10 mSv/hを超えないこと	—	—	—	○	
⑵ 放射性同位元素の1週間当たりの漏えい量がA_2値を超えないこと（ただし^{85}KrにあってはA_2値×10）	—	—	—	○	
【7. 原子力規制委員会が定める試験条件】 （放射性同位元素がA_2値×10^5を超えた場合） 深さ200 mの水中に1時間浸漬させる	—	—	—	○	
【8. 原子力規制委員会が定める試験条件に対する適合基準】 密封装置の破損のないこと	—	—	—	○	

＊1　気体状の^{3}Hおよび希ガスを除く。

＊2　耐火試験は，詳細に試験条件がある。

・表中の○は左欄の項目が適用され，— は適用されないことを示す。

・施行規則第18条の5から第18条の10及び平成2年科学技術庁告示第7号別記第3から第9参照

付表 6　実効線量及び等価線量の評価方法

国際放射線防護委員会（ICRP）は，Publ. 60（1990 年勧告）で実効線量，等価線量をもって被ばく線量の限度を定め，これにより管理することを勧告している。しかし，実効線量，等価線量は日常的に直接測定することは困難であるため，簡便かつ安全側に管理するため，法令では 1 cm 線量当量（$H_{1\,cm}$），70 μm 線量当量（$H_{70\,\mu m}$）を導入し，これをもって実効線量及び等価線量を算定している。ICRPは 2011 年に眼の水晶体の等価線量限度の変更に関する勧告を行い，令和 2 年 3 月に 3 mm 線量当量（$H_{3\,mm}$）が追加された。

被ばく状況	評価項目		評価方法
均等被ばく	実効線量		基本着用部位に装着した個人線量計から評価した $H_{1\,cm}$
	等価線量	皮膚	体幹部に装着した個人線量計から評価した $H_{70\,\mu m}$（等価とみなせる場合は $H_{1\,cm}$ でも良い）
		眼の水晶体	体幹部からの $H_{1\,cm}$ 又は $H_{70\,\mu m}$ 又は眼の近傍その他の適切な部位に装着した個人線量計から評価した $H_{3\,mm}$ のうち適切なもの
		妊娠を申告した女子の腹部表面	腹部に装着した個人線量計から評価した $H_{1\,cm}$
不均等被ばく	実効線量		原則的に注 1 の式
	等価線量	皮膚	体幹部に装着した個人線量計から評価した $H_{70\,\mu m}$ のうち最大値（等価とみなせる場合は $H_{1\,cm}$ でも良い）
		眼の水晶体	頭頸部からの $H_{1\,cm}$ 又は $H_{70\,\mu m}$ 又は眼の近傍その他の適切な部位に装着した個人線量計から評価した $H_{3\,mm}$ のうち適切なもの（$H_{1\,cm}≒H_{70\,\mu m}$ とみなせる場合は $H_{1\,cm}$ でも良い）
		妊娠を申告した女子の腹部表面	腹部に装着した個人線量計から評価した $H_{1\,cm}$
末端部被ばく	等価線量	末端部の皮膚	末端部に装着した個人線量計から評価した $H_{70\,\mu m}$

注 1　$E=\sum_k w_k \cdot H_{1\,cm,k}$　　ここで，E：実効線量
$H_{1\,cm,k}$：部位 k に着用した個人線量計による $H_{1\,cm}$
w_k：部位 k に対する部位別加重係数（下表参照）

体幹部不均等被ばく時の部位別加重係数（w_k）

部　位	部位別加重係数	部　位	部位別加重係数
頭部及びけい部	0.08	腹部及び大たい部	0.45
胸部及び上腕部	0.44	最大の線量を受ける部位	0.03

（ICRP勧告値に基づく推奨値）

実効線量：実効線量限度は規則第 1 条第 10 号，数量告示第 5 条第 1 ～第 4 号に規定，数量告示第 20 条第 1 項第 1 号で $H_{1\,cm}$ で算定

等価線量：等価線量限度は規則第 1 条第 11 号，数量告示第 6 条第 1 ～第 3 号に規定，数量告示第 20 条第 2 項第 1 ～第 3 号で $H_{3\,mm}$ で算定（眼の水晶体の場合は適切な方）

付表 7　放射線業務従事者における線量の評価

(1)　実効線量

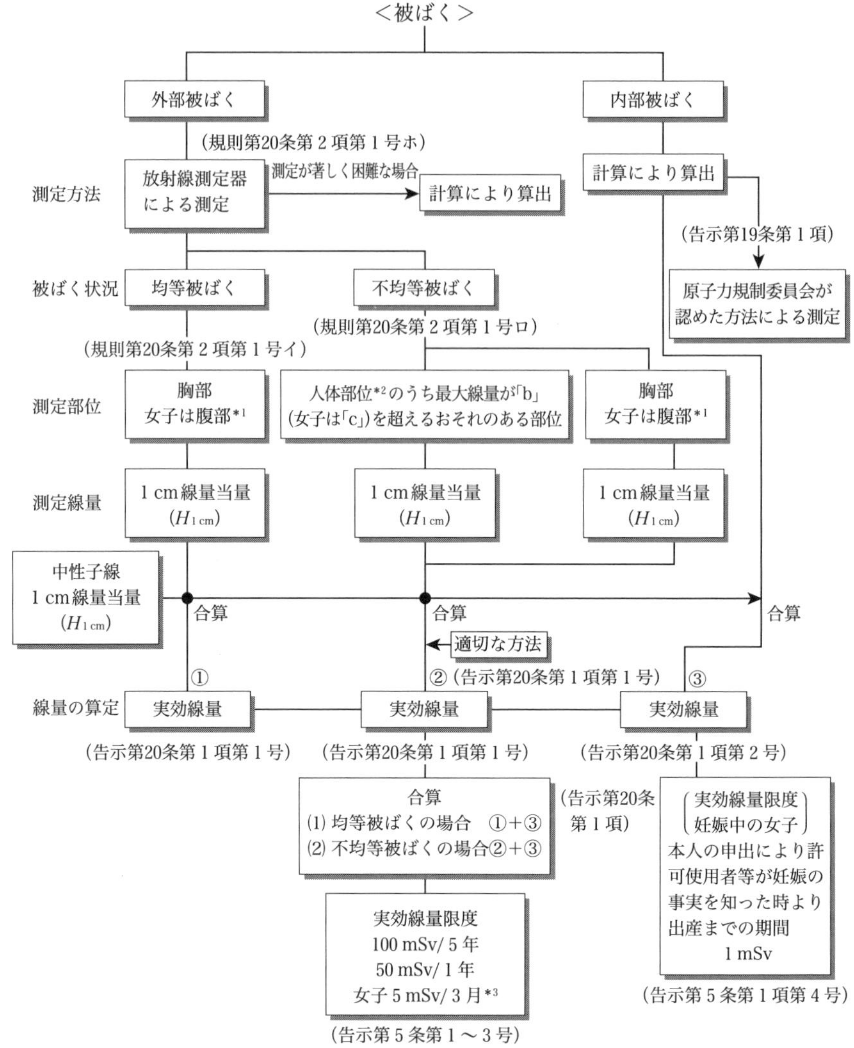

・付表 7 の(1)～(3)において「規則」とは施行規則，「告示」とは数量告示である。

＊1　妊娠不能と診断された者及び妊娠の意志のない旨を許可届出使用者又は許可廃棄業者に書面で申し出た者は胸部，ただし合理的理由があるときはこの限りでない。

＊2　人体部位：頭部及びけい部「a」，胸部及び上腕部「b」，腹部及び大たい部「c」

＊3　4 月 1 日，7 月 1 日，10月 1 日及び 1 月 1 日を始期とする 3 月間

(2) 等価線量
(均等被ばくの場合)

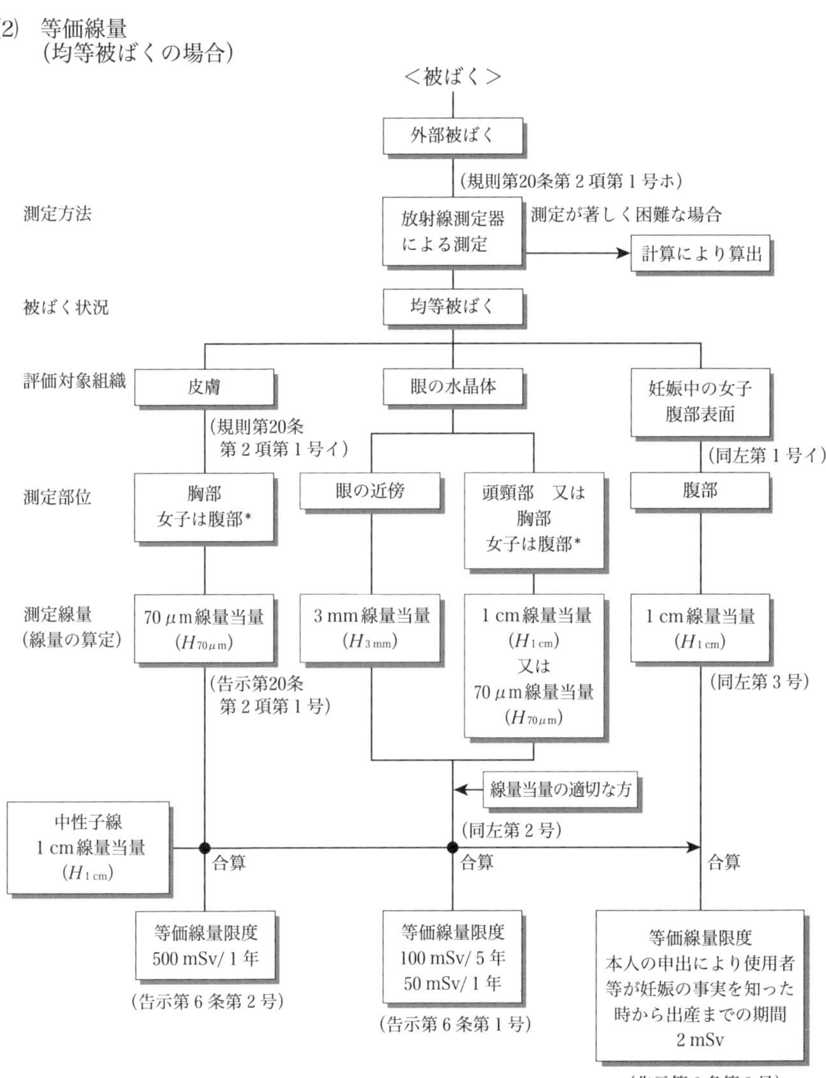

* 妊娠不能と診断された者及び妊娠の意志のない旨を許可届出使用者又は許可廃棄業者に書面で申し出た者は胸部，ただし合理的理由があるときはこの限りでない。

(3) 等価線量
(体幹部不均等被ばく,
末端部*1被ばくの場合)

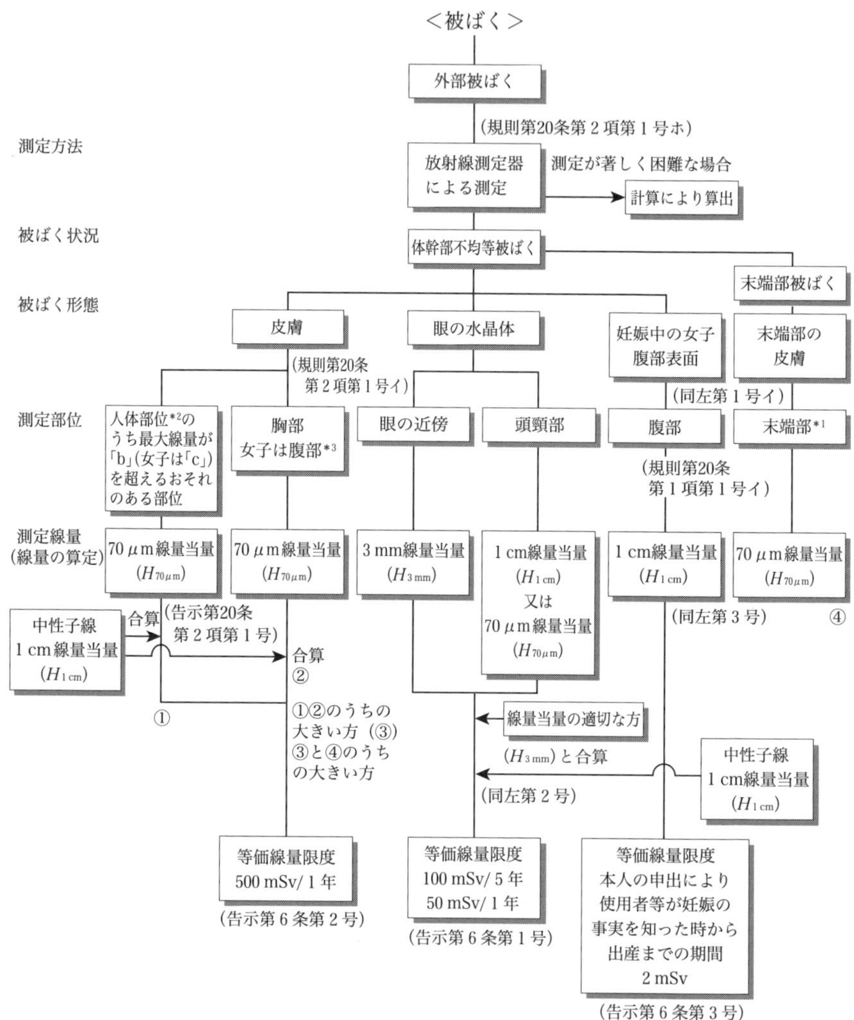

*1 末端部：頭部, けい部, 胸部, 上腕部, 腹部及び大たい部以外の部位（規則第20条第2項第1号ハ）
*2 人体部位：頭部及びけい部「a」, 胸部及び上腕部「b」, 腹部及び大たい部「c」
*3 妊娠不能と診断された者及び妊娠の意志のない旨を許可届出使用者又は許可廃棄業者に書面で申し出た者は胸部, ただし合理的理由があるときはこの限りでない。

付表 8　数量告示別表第 2（第 7 条，第 14 条及び第 19 条関係）（抄）放射性同位元素の種類が明らかで，かつ，一種類である場合の空気中濃度限度等

第 1 欄		第 2 欄	第 3 欄	第 4 欄	第 5 欄	第 6 欄
放射性同位元素の種類		吸入摂取した場合の実効線量係数	経口摂取した場合の実効線量係数	空気中濃度限度	排気中又は空気中の濃度限度	排液中又は排水中の濃度限度
核種	化学形等	(mSv/Bq)	(mSv/Bq)	(Bq/cm^3)	(Bq/cm^3)	(Bq/cm^3)
^{3}H	元素状水素	1.8×10^{-12}		1×10^{4}	7×10^{1}	
^{3}H	メタン	1.8×10^{-10}		1×10^{2}	7×10^{-1}	
^{3}H	水	1.8×10^{-8}	1.8×10^{-8}	8×10^{-1}	5×10^{-3}	6×10^{1}
^{3}H	有機物（メタンを除く）	4.1×10^{-8}	4.2×10^{-8}	5×10^{-1}	3×10^{-3}	2×10^{1}
^{3}H	上記を除く化合物	2.8×10^{-8}	1.9×10^{-8}	7×10^{-1}	3×10^{-3}	4×10^{1}
^{11}C	〔サブマージョン〕			2×10^{-1}	7×10^{-4}	
^{11}C	蒸気	3.2×10^{-9}		7×10^{0}	4×10^{-2}	
^{11}C	有機物〔経口摂取〕		2.4×10^{-8}			4×10^{1}
^{11}C	一酸化物	1.2×10^{-9}		2×10^{1}	1×10^{-1}	
^{11}C	二酸化物	2.2×10^{-9}		9×10^{0}	5×10^{-2}	
^{11}C	メタン	2.7×10^{-11}		8×10^{2}	4×10^{0}	
^{14}C	蒸気	5.8×10^{-7}		4×10^{-2}	2×10^{-4}	
^{14}C	有機物〔経口摂取〕		5.8×10^{-7}			2×10^{0}
^{14}C	一酸化物	8.0×10^{-10}		3×10^{1}	1×10^{-1}	
^{14}C	二酸化物	6.5×10^{-9}		3×10^{0}	2×10^{-2}	
^{14}C	メタン	2.9×10^{-9}		7×10^{0}	5×10^{-2}	
^{13}N	〔サブマージョン〕			2×10^{-1}	7×10^{-4}	
^{15}O	〔サブマージョン〕			2×10^{-1}	7×10^{-4}	
^{18}F	H, Li, Na, Si, P, K, Ni, Rb, Sr, Mo, Ag, Te, I, Cs, Ba, La, W, Pt, Tl, Pb, Po, Frのフッ化物，Seの無機化合物のフッ化物，Hgの有機化合物のフッ化物及び大部分の六価のウラン化合物（六フッ化ウラン，フッ化ウラニル等）のフッ化物	5.4×10^{-8}	4.9×10^{-8}	4×10^{-1}	4×10^{-3}	2×10^{1}
^{18}F	Mg, Al, Ca, Ti, V, Cr, Mn, Fe, Cu, Ga, Ge, As, Y, Zr, Nb, Tc, Ru, Rh, Pd, Cd, In, Sn, Sb, Sm, Eu, Gd, Tb, Dy, Ho, Er, Tm, Hf, Re, Os, Ir, Au, Bi, Ra, Ac, Th, Pa, Np, Pu, Am, Cm, Bk, Cf, Es, Fm, Mdのフッ化物，Hgの無機化合物のフッ化物及び難溶性のウラン化合物(四フッ化ウラン等)のフッ化物	8.9×10^{-8}	4.9×10^{-8}	2×10^{-1}	2×10^{-3}	2×10^{1}
^{18}F	Be, Sc, Co, Zn, Ce, Pr, Nd, Pm, Yb, Lu, Taのフッ化物及び不溶性のウラン化合物のフッ化物	9.3×10^{-8}	4.9×10^{-8}	2×10^{-1}	2×10^{-3}	2×10^{1}
^{24}Na	全ての化合物	5.3×10^{-7}	4.3×10^{-7}	4×10^{-2}	4×10^{-4}	2×10^{0}
^{32}P	Snのリン酸塩以外の化合物	1.1×10^{-6}	2.4×10^{-6}	2×10^{-2}	1×10^{-4}	3×10^{-1}
^{32}P	Snのリン酸塩	2.9×10^{-6}	2.4×10^{-6}	7×10^{-3}	4×10^{-5}	3×10^{-1}
^{35}S	蒸気（二酸化硫黄を含む）	1.2×10^{-7}		2×10^{-1}	1×10^{-3}	
^{35}S	二硫化炭素	7.0×10^{-7}		3×10^{-2}	2×10^{-4}	
^{35}S	元素状硫黄〔経口摂取〕		1.9×10^{-7}			6×10^{0}

第1欄		第2欄	第3欄	第4欄	第5欄	第6欄
^{35}S	元素状硫黄以外の無機化合物〔経口摂取〕		1.4×10^{-7}			6×10^{0}
^{35}S	食品中の硫黄〔経口摂取〕		7.7×10^{-7}			1×10^{0}
^{35}S	H, Li, Na, Mg, Al, Si, P, K, Ti, V, Cr, Mn, Fe, Ni, Ga, Rb, Sr, Zr, Tc, Ru, Rh, Pd, In, Te, I, Cs, Ba, La, Gd, Hf, W, Re, Os, Ir, Pt, Au, Tl, Pb, Po, Fr, Acの硫化物と硫酸塩，Cuの無機化合物の硫酸塩，Ge, Mo, Ag, Cd, Snの硫酸塩，Seの無機化合物の硫化物と硫酸塩，Hgの無機化合物の硫酸塩，Hgの有機化合物の硫化物と硫酸塩及び大部分の六価のウラン化合物の硫化物と硫酸塩	8.0×10^{-8}		3×10^{-1}	2×10^{-3}	
^{35}S	元素状硫黄〔吸入摂取〕，Be, Ca, Sc, Co, Zn, As, Y, Nb, Sb, Ce, Pr, Nd, Pm, Sm, Eu, Tb, Dy, Ho, Er, Tm, Yb, Lu, Ta, Bi, Ra, Th, Pa, Np, Pu, Am, Cm, Bk, Cf, Es, Fm, Mdの硫化物と硫酸塩，Cuの無機化合物の硫化物，Ge, Mo, Ag, Cd, Snの硫化物，Hgの無機化合物の硫化物及び難溶性，不溶性のウラン化合物の硫化物と硫酸塩	1.1×10^{-6}		2×10^{-2}	9×10^{-5}	
^{36}Cl	H, Li, Na, Si, P, K, Ni, Rb, Sr, Mo, Ag, Te, I, Cs, Ba, La, Gd, W, Pt, Tl, Pb, Po, Frの塩化物，Seの無機化合物の塩化物，Hgの有機化合物の塩化物及び大部分の六価のウラン化合物の塩化物	4.9×10^{-7}	9.3×10^{-7}	4×10^{-2}	3×10^{-4}	9×10^{-1}
^{36}Cl	Be, Mg, Al, Ca, Sc, Ti, V, Cr, Mn, Fe, Co, Cu, Zn, Ga, Ge, As, Y, Zr, Nb, Tc, Ru, Rh, Pd, Cd, In, Sn, Sb, Ce, Pr, Nd, Pm, Sm, Eu, Tb, Dy, Ho, Er, Tm, Yb, Lu, Hf, Ta, Re, Os, Ir, Au, Bi, Ra, Ac, Th, Pa, Np, Pu, Am, Cm, Bk, Cf, Es, Fm, Mdの塩化物，Hgの無機化合物の塩化物及び難溶性（四塩化ウラン等），不溶性のウラン化合物の塩化物	5.1×10^{-6}	9.3×10^{-7}	4×10^{-3}	2×10^{-5}	9×10^{-1}
^{42}K	全ての化合物	2.0×10^{-7}	4.3×10^{-7}	1×10^{-1}	9×10^{-4}	2×10^{0}
^{45}Ca	全ての化合物	2.3×10^{-6}	7.6×10^{-7}	9×10^{-3}	5×10^{-5}	1×10^{0}
^{46}Sc	全ての化合物	4.8×10^{-6}	1.5×10^{-6}	4×10^{-3}	2×10^{-5}	6×10^{-1}
^{51}Cr	六価の化合物〔経口摂取〕		3.8×10^{-8}			2×10^{1}
^{51}Cr	三価の化合物〔経口摂取〕		3.7×10^{-8}			2×10^{1}
^{51}Cr	ハロゲン化物，硝酸塩，酸化物及び水酸化物以外の化合物	3.0×10^{-8}		7×10^{-1}	6×10^{-3}	
^{51}Cr	ハロゲン化物及び硝酸塩	3.4×10^{-8}		6×10^{-1}	4×10^{-3}	
^{51}Cr	酸化物及び水酸化物	3.6×10^{-8}		6×10^{-1}	3×10^{-3}	
^{56}Mn	酸化物，水酸化物，ハロゲン化物及び硝酸塩以外の化合物	1.2×10^{-7}	2.5×10^{-7}	2×10^{-1}	2×10^{-3}	3×10^{0}
^{56}Mn	酸化物，水酸化物，ハロゲン化物及び硝酸塩	2.0×10^{-7}	2.5×10^{-7}	1×10^{-1}	1×10^{-3}	3×10^{0}

第1欄		第2欄	第3欄	第4欄	第5欄	第6欄
^{59}Fe	酸化物，水酸化物及びハロゲン化物以外の化合物	3.0×10^{-6}	1.8×10^{-6}	7×10^{-3}	5×10^{-5}	4×10^{-1}
^{59}Fe	酸化物，水酸化物及びハロゲン化物	3.2×10^{-6}	1.8×10^{-6}	7×10^{-3}	3×10^{-5}	4×10^{-1}
^{57}Co	酸化物，水酸化物及び無機化合物以外の化合物〔経口摂取〕		2.1×10^{-7}			4×10^{0}
^{57}Co	酸化物，水酸化物及び無機化合物〔経口摂取〕		1.9×10^{-7}			4×10^{0}
^{57}Co	酸化物，水酸化物，ハロゲン化物及び硝酸塩以外の化合物	3.9×10^{-7}		5×10^{-2}	2×10^{-4}	
^{57}Co	酸化物，水酸化物，ハロゲン化物及び硝酸塩	6.0×10^{-7}		3×10^{-2}	1×10^{-4}	
^{58}Co	酸化物，水酸化物及び無機化合物以外の化合物〔経口摂取〕		7.4×10^{-7}			1×10^{0}
^{58}Co	酸化物，水酸化物及び無機化合物〔経口摂取〕		7.0×10^{-7}			1×10^{0}
^{58}Co	酸化物，水酸化物，ハロゲン化物及び硝酸塩以外の化合物	1.4×10^{-6}		1×10^{-2}	8×10^{-5}	
^{58}Co	酸化物，水酸化物，ハロゲン化物及び硝酸塩	1.7×10^{-6}		1×10^{-2}	6×10^{-5}	
^{60}Co	酸化物，水酸化物及び無機化合物以外の化合物〔経口摂取〕		3.4×10^{-6}			2×10^{-1}
^{60}Co	酸化物，水酸化物及び無機化合物〔経口摂取〕		2.5×10^{-6}			2×10^{-1}
^{60}Co	酸化物，水酸化物，ハロゲン化物及び硝酸塩以外の化合物	7.1×10^{-6}		3×10^{-3}	1×10^{-5}	
^{60}Co	酸化物，水酸化物，ハロゲン化物及び硝酸塩	1.7×10^{-5}		1×10^{-3}	4×10^{-6}	
^{63}Ni	ニッケルカルボニル	2.0×10^{-6}		1×10^{-2}	6×10^{-5}	
^{63}Ni	酸化物，水酸化物，炭化物及びニッケルカルボニル以外の化合物	5.2×10^{-7}	1.5×10^{-7}	4×10^{-2}	3×10^{-4}	6×10^{0}
^{63}Ni	酸化物，水酸化物及び炭化物	3.1×10^{-7}	1.5×10^{-7}	7×10^{-2}	3×10^{-4}	6×10^{0}
^{64}Cu	硫化物，ハロゲン化物，硝酸塩，酸化物及び水酸化物以外の無機化合物	6.8×10^{-8}	1.2×10^{-7}	3×10^{-1}	3×10^{-3}	7×10^{0}
^{64}Cu	硫化物，ハロゲン化物及び硝酸塩	1.5×10^{-7}	1.2×10^{-7}	1×10^{-1}	1×10^{-3}	7×10^{0}
^{64}Cu	酸化物及び水酸化物	1.5×10^{-7}	1.2×10^{-7}	1×10^{-1}	1×10^{-3}	7×10^{0}
^{67}Ga	酸化物，水酸化物，炭化物，ハロゲン化物及び硝酸塩以外の化合物	1.1×10^{-7}	1.9×10^{-7}	2×10^{-1}	2×10^{-3}	4×10^{0}
^{67}Ga	酸化物，水酸化物，炭化物，ハロゲン化物及び硝酸塩	2.8×10^{-7}	1.9×10^{-7}	7×10^{-2}	5×10^{-4}	4×10^{0}
^{68}Ga	酸化物，水酸化物，炭化物，ハロゲン化物及び硝酸塩以外の化合物	4.9×10^{-8}	1.0×10^{-7}	4×10^{-1}	4×10^{-3}	8×10^{0}
^{68}Ga	酸化物，水酸化物，炭化物，ハロゲン化物及び硝酸塩	8.1×10^{-8}	1.0×10^{-7}	3×10^{-1}	2×10^{-3}	8×10^{0}
^{68}Ge	酸化物，硫化物及びハロゲン化物以外の化合物	8.3×10^{-7}	1.3×10^{-6}	3×10^{-2}	2×10^{-4}	7×10^{-1}
^{68}Ge	酸化物，硫化物及びハロゲン化物	7.9×10^{-6}	1.3×10^{-6}	3×10^{-3}	9×10^{-6}	7×10^{-1}
^{75}Se	元素状セレン及びセレン化物以外の化合物〔経口摂取〕		2.6×10^{-6}			3×10^{-1}
^{75}Se	元素状セレン及びセレン化物〔経口摂取〕		4.1×10^{-7}			3×10^{-1}

第1欄		第2欄	第3欄	第4欄	第5欄	第6欄
^{75}Se	元素状セレン，酸化物，水酸化物及び炭化物以外の無機化合物	1.4×10^{-6}		1×10^{-2}	1×10^{-4}	
^{75}Se	元素状セレン，酸化物，水酸化物及び炭化物	1.7×10^{-6}		1×10^{-2}	1×10^{-4}	
^{81m}Kr	〔サブマージョン〕			1×10^{0}	6×10^{-3}	
^{85}Kr	〔サブマージョン〕			3×10^{1}	1×10^{-1}	
^{85m}Kr	〔サブマージョン〕			1×10^{0}	5×10^{-3}	
^{81}Rb	全ての化合物	6.8×10^{-8}	5.4×10^{-8}	3×10^{-1}	3×10^{-3}	2×10^{1}
^{90}Sr	チタン酸ストロンチウム以外の化合物	3.0×10^{-5}	2.8×10^{-5}	7×10^{-4}	5×10^{-6}	3×10^{-2}
^{90}Sr	チタン酸ストロンチウム	7.7×10^{-5}	2.7×10^{-6}	3×10^{-4}	8×10^{-7}	3×10^{-2}
^{90}Y	酸化物及び水酸化物以外の化合物	1.6×10^{-6}	2.7×10^{-6}	1×10^{-2}	8×10^{-5}	3×10^{-1}
^{90}Y	酸化物及び水酸化物	1.7×10^{-6}	2.7×10^{-6}	1×10^{-2}	8×10^{-5}	3×10^{-1}
^{99}Mo	二硫化モリブデン以外の化合物〔経口摂取〕		7.4×10^{-7}			1×10^{0}
^{99}Mo	二硫化モリブデン〔経口摂取〕		1.2×10^{-6}			1×10^{0}
^{99}Mo	二硫化モリブデン，酸化物及び水酸化物以外の化合物	3.6×10^{-7}		6×10^{-2}	5×10^{-4}	
^{99}Mo	二硫化モリブデン，酸化物及び水酸化物	1.1×10^{-6}		2×10^{-2}	1×10^{-4}	
^{99}Tc	酸化物，水酸化物，ハロゲン化物及び硝酸塩以外の化合物	4.0×10^{-7}	7.8×10^{-7}	5×10^{-2}	4×10^{-4}	1×10^{0}
^{99}Tc	酸化物，水酸化物，ハロゲン化物及び硝酸塩	3.2×10^{-6}	7.8×10^{-7}	7×10^{-3}	3×10^{-5}	1×10^{0}
^{99m}Tc	酸化物，水酸化物，ハロゲン化物及び硝酸塩以外の化合物	2.0×10^{-8}	2.2×10^{-8}	1×10^{0}	9×10^{-3}	4×10^{1}
^{99m}Tc	酸化物，水酸化物，ハロゲン化物及び硝酸塩	2.9×10^{-8}	2.2×10^{-8}	7×10^{-1}	6×10^{-3}	4×10^{1}
^{111}In	酸化物，水酸化物，ハロゲン化物及び硝酸塩以外の化合物	2.2×10^{-7}	2.9×10^{-7}	9×10^{-2}	9×10^{-4}	3×10^{0}
^{111}In	酸化物，水酸化物，ハロゲン化物及び硝酸塩	3.1×10^{-7}	2.9×10^{-7}	7×10^{-2}	5×10^{-4}	3×10^{0}
^{123}I	蒸気	2.1×10^{-7}		1×10^{-1}	5×10^{-4}	
^{123}I	ヨウ化メチル	1.5×10^{-7}		1×10^{-1}	7×10^{-4}	
^{123}I	ヨウ化メチル以外の化合物	1.1×10^{-7}	2.1×10^{-7}	2×10^{-1}	1×10^{-3}	4×10^{0}
^{125}I	蒸気	1.4×10^{-5}		1×10^{-3}	8×10^{-6}	
^{125}I	ヨウ化メチル	1.1×10^{-5}		2×10^{-3}	1×10^{-5}	
^{125}I	ヨウ化メチル以外の化合物	7.3×10^{-6}	1.5×10^{-5}	3×10^{-3}	2×10^{-5}	6×10^{-2}
^{131}I	蒸気	2.0×10^{-5}		1×10^{-3}	5×10^{-6}	
^{131}I	ヨウ化メチル	1.5×10^{-5}		1×10^{-3}	7×10^{-6}	
^{131}I	ヨウ化メチル以外の化合物	1.1×10^{-5}	2.2×10^{-5}	2×10^{-3}	1×10^{-5}	4×10^{-2}
^{133}Xe	〔サブマージョン〕			5×10^{0}	2×10^{-2}	
^{147}Pm	酸化物，水酸化物，炭化物及びフッ化物以外の化合物	3.5×10^{-6}	2.6×10^{-7}	6×10^{-3}	3×10^{-5}	3×10^{0}
^{147}Pm	酸化物，水酸化物，炭化物及びフッ化物	3.2×10^{-6}	2.6×10^{-7}	7×10^{-3}	3×10^{-5}	3×10^{0}

付表 9　数量告示別表第 3（第 7 条及び第 14 条関係）　放射性同位元素の種類が明らかで，かつ，当該放射性同位元素の種類が別表第 2 に掲げられていない場合の空気中濃度限度等

第 1 欄		第 2 欄	第 3 欄	第 4 欄
放射性同位元素の区分		空気中濃度限度 (Bq/cm³)	排気中または空気中の濃度限度 (Bq/cm³)	排液中または排水中の濃度限度 (Bq/cm³)
アルファ線放出の区分	物理的半減期の区分			
アルファ線を放出する放射性同位元素	物理的半減期が 10 分未満のもの	4×10^{-4}	3×10^{-6}	4×10^{0}
	物理的半減期が 10 分以上，1 日未満のもの	3×10^{-6}	3×10^{-8}	4×10^{-2}
	物理的半減期が 1 日以上，30 日未満のもの	2×10^{-6}	8×10^{-9}	5×10^{-3}
	物理的半減期が 30 日以上のもの	3×10^{-8}	2×10^{-10}	2×10^{-4}
アルファ線を放出しない放射性同位元素	物理的半減期が 10 分未満のもの	3×10^{-2}	1×10^{-4}	5×10^{0}
	物理的半減期が 10 分以上，1 日未満のもの	6×10^{-5}	6×10^{-7}	1×10^{-1}
	物理的半減期が 1 日以上，30 日未満のもの	4×10^{-6}	2×10^{-8}	5×10^{-3}
	物理的半減期が 30 日以上のもの	1×10^{-5}	4×10^{-8}	7×10^{-4}

付表 10　数量告示別表第 4（第 8 条関係）　表面密度限度

区　　分	密度（Bq/cm²）
アルファ線を放出する放射性同位元素	4
アルファ線を放出しない放射性同位元素	40

付表 11　数量告示別表第 5（第 26 条関係）自由空間中の空気カーマが 1 グレイである場合の実効線量

第 1 欄	第 2 欄
エックス線又はガンマ線のエネルギー (MeV)	実効線量 (Sv)
0.010	0.00653
0.015	0.0402
0.020	0.122
0.030	0.416
0.040	0.788
0.050	1.106
0.060	1.308
0.070	1.407
0.080	1.433
0.100	1.394
0.150	1.256
0.200	1.173
0.300	1.093
0.400	1.056
0.500	1.036
0.600	1.024
0.800	1.010
1.000	1.003
2.000	0.992
4.000	0.993
6.000	0.993
8.000	0.991
10.000	0.990

備考　該当値がないときは，補間法によって計算する。

付表 12　数量告示別表第 6（第 26 条関係）　自由空気中の中性子フルエンスが 1 平方センチメートル当たり 10^{12} 個である場合の実効線量

第 1 欄	第 2 欄	第 1 欄	第 2 欄
中性子のエネルギー (MeV)	実効線量 (Sv)	中性子のエネルギー (MeV)	実効線量 (Sv)
1.0×10^{-9}	5.24	1.5×10^{-1}	80.2
1.0×10^{-8}	6.55	2.0×10^{-1}	99.0
2.5×10^{-8}	7.60	3.0×10^{-1}	133
1.0×10^{-7}	9.95	5.0×10^{-1}	188
2.0×10^{-7}	11.2	7.0×10^{-1}	231
5.0×10^{-7}	12.8	9.0×10^{-1}	267
1.0×10^{-6}	13.8	1.0×10^{0}	282
2.0×10^{-6}	14.5	1.2×10^{0}	310
5.0×10^{-6}	15.0	2.0×10^{0}	383
1.0×10^{-5}	15.1	3.0×10^{0}	432
2.0×10^{-5}	15.1	4.0×10^{0}	458
5.0×10^{-5}	14.8	5.0×10^{0}	474
1.0×10^{-4}	14.6	6.0×10^{0}	483
2.0×10^{-4}	14.4	7.0×10^{0}	490
5.0×10^{-4}	14.2	8.0×10^{0}	494
1.0×10^{-3}	14.2	9.0×10^{0}	497
2.0×10^{-3}	14.4	1.0×10^{1}	499
5.0×10^{-3}	15.7	1.2×10^{1}	499
1.0×10^{-2}	18.3	1.4×10^{1}	496
2.0×10^{-2}	23.8	1.5×10^{1}	494
3.0×10^{-2}	29.0	1.6×10^{1}	491
5.0×10^{-2}	38.5	1.8×10^{1}	486
7.0×10^{-2}	47.2	2.0×10^{1}	480
1.0×10^{-1}	59.8		

備考　該当値がないときは，補間法によって計算する。

付表 13　数量告示別表第 7（第 27 条関係）濃度確認に係る放射能濃度

第　1　欄	第　2　欄	第　3　欄
濃度確認対象物	評価対象放射性同位元素の種類	放射能濃度（Bq/g）
1　放射性同位元素によって汚染された物であって金属くず，コンクリート破片，ガラスくず又は燃え殻若しくはばいじん	^{22}Na，^{54}Mn，^{60}Co，^{65}Zn，^{68}Ge，^{125}Sb，^{134}Cs，^{137}Cs，^{133}Ba，^{152}Eu，^{241}Am	0.1
	^{14}C，^{36}Cl，^{59}Fe，^{57}Co，^{58}Co，^{75}Se，^{85}Sr，^{90}Sr，^{99}Tc，^{109}Cd，^{192}Ir，^{204}Tl，^{244}Cm	1
	^{18}F，^{67}Ga，^{81}Rb，^{99}Mo，^{111}In，^{131}I，^{153}Gd，^{169}Yb，^{188}W，^{198}Au	10
	^{3}H，^{35}S，^{45}Ca，^{51}Cr，^{63}Ni，^{86}Rb，^{99m}Tc，^{123}I，^{125}I，^{141}Ce，^{201}Tl	100
	^{32}P，^{33}P，^{55}Fe，^{89}Sr，^{90}Y，^{147}Pm，^{186}Re	1000
	^{49}V	10000
2　放射線発生装置から発生した放射線により生じた放射線を放出する同位元素によって汚染された物であって金属くず又はコンクリート破片	^{22}Na，^{46}Sc，^{44}Ti，^{54}Mn，^{56}Co，^{60}Co，^{65}Zn，^{94}Nb，^{108m}Ag，^{110m}Ag，^{125}Sb，^{134}Cs，^{137}Cs，^{133}Ba，^{152}Eu，^{154}Eu，^{182}Ta	0.1
	^{14}C，^{36}Cl，^{59}Fe，^{57}Co，^{58}Co，^{113}Sn，^{124}Sb，^{123m}Te，^{139}Ce，^{160}Tb	1
	^{7}Be，^{93m}Nb，^{195}Au，^{203}Hg	10
	^{3}H，^{41}Ca，^{45}Ca，^{59}Ni，^{63}Ni	100
	^{55}Fe	1000

付表 14　標識（施行規則別表（第 14 条の 7 －第 14 条の 11，第 15 条，第 19 条関係））

区　　分	標　　識	大きさ	標識を付ける箇所
放射性同位元素又は放射線発生装置の使用をする室(第 14 条の 7 第 1 項第 9 号)	産業標準化法（昭和 24 年法律第 185 号）第 17 条第 1 項の日本産業規格（以下「日本産業規格」という。）による放射能標識（以下「放射能標識」という。）の上部に「放射性同位元素使用室」又は「放射線発生装置使用室」の文字を記入すること。	放射能標識は，半径 10 cm以上とすること。	放射性同位元素又は放射線発生装置を使用する室の出入口又はその付近
放射性同位元素等の詰替えをする室（第 14 条の 8 において準用する第 14 条の 7 第 1 項第 9 号）	放射能標識の上部に「放射性廃棄物詰替室」の文字を記入すること。	同上	放射性同位元素等の詰替えをする室の出入口又はその付近
廃棄作業室（第 14 条の 11 第 1 項第 10 号）	放射能標識の上部に「廃棄作業室」の文字を記入すること。	同上	廃棄作業室の出入口又はその付近
汚染検査室（第 14 条の 7 第 1 項第 9 号，第 14 条の 8 において準用する第 14 条の 7 第 1 項第 9 号及び第 14 条の 11 第 1 項第 10 号）	日本産業規格による衛生指導標識の下部に「汚染検査室」の文字を記入すること。	白十字の長さは，12 cm以上とすること。	汚染検査室の出入口又はその付近
放射化物保管設備（第 14 条の 7 第 1 項第 9 号）	放射能標識の上部に「放射化物保管設備」の文字を，下部に「許可なくして立入りを禁ず」の文字を記入すること。	放射能標識は，半径 10 cm以上とすること。	放射化物保管設備の外部に通ずる部分又はその付近
放射化物保管設備に備える容器(第 14 条の 7 第 1 項第 9 号)	放射能標識の上部に「放射化物」の文字を記入すること。	放射能標識は，半径 2.5 cm以上とすること。	容器の表面
貯蔵室又は貯蔵箱（第 14 条の 9 第 7 号及び第 14 条の 10 において準用する第 14 条の 9 第 7 号）	放射能標識の上部に「貯蔵室」又は「貯蔵箱」の文字を，下部に「許可なくして立入りを禁ず」又は「許可なくして触れることを禁ず」の文字を記入すること。	放射能標識は，貯蔵室にあっては半径 10 cm以上とし，貯蔵箱にあっては半径 2.5 cm以上とすること。	貯蔵室にあってはその出入口又はその付近，貯蔵箱にあってはその表面
貯蔵施設に備える容器（第 14 条の 9 第 7 号）	放射能標識の上部に「放射性同位元素」の文字並びに放射性同位元素の種類及び数量を記入すること。	放射能標識は，半径 2.5 cm以上とすること。	容器の表面

区　　分	標　　識	大きさ	標識を付ける箇所
廃棄物貯蔵施設に備える容器（第14条の10において準用する第14条の9第7号）	放射能標識の上部に「放射性廃棄物」の文字を記入すること。	同上	同上
排水設備(第14条の11第1項第10号)	放射能標識の上部に「排水設備」の文字を，下部に「許可なくして立入りを禁ず」又は「許可なくして触れることを禁ず」の文字を記入すること。ただし，排水管に付ける標識は，日本産業規格による放射能表示(以下「放射能表示」という。）とすること。	放射能標識は，排水浄化槽にあっては半径10 cm以上，排液処理装置にあっては半径5 cm以上とし，放射能表示は，赤紫部分の幅を2 cm以上に，かつ，黄部分の幅をその2分の1，青部分の幅をその2倍とすること。	放射能標識については排水浄化槽の表面又はその付近(排水浄化槽が埋没している場合には，当該埋没箇所の真上又はその付近の地上)及び排液処理装置，放射能表示については地上に露出する排水管の部分の表面
排気設備(第14条の11第1項第10号)	放射能標識の上部に「排気設備」の文字を，下部に「許可なくして触れることを禁ず」の文字を記入すること。ただし，排気管に付ける標識は，放射能表示とすること。	放射能標識は，半径5 cm以上とし，放射能表示は，赤紫部分の幅を2 cm以上に，かつ，黄部分の幅をその2分の1，白部分の幅をその2倍とすること。	放射能標識については排気口又はその付近及び排気浄化装置，放射能表示については排気管の表面
保管廃棄設備(第14条の11第1項第10号)	放射能標識の上部に「保管廃棄設備」の文字を，下部に「許可なくして立入りを禁ず」の文字を記入すること。	放射能標識は，半径10 cm以上とすること。	保管廃棄設備の外部に通ずる部分又はその付近
保管廃棄設備に備える容器（第14条の11第1項第10号）	放射能標識の上部に「放射性廃棄物」の文字を記入すること。	放射能標識は，半径2.5 cm以上とすること。	容器の表面

区　　分	標　　識	大きさ	標識を付ける箇所
管理区域（許可使用者が法第10条第6項の規定により使用の場所の変更を届け出て行う放射性同位元素若しくは放射線発生装置の使用又は届出使用者が行う使用若しくは廃棄の場所に係るものを除く。）の境界に設ける柵その他の人がみだりに立ち入らないようにするための施設（第14条の7第1項第9号，第14条の8において準用する第14条の7第1項第9号，第14条の9第7号，第14条の10において準用する第14条の9第7号，第14条の11第1項第10号及び同条第3項第5号）	放射能標識の上部に「管理区域」の文字及びその真下に「（使用施設）」，「（廃棄物詰替施設）」，「（貯蔵施設）」，「（廃棄物貯蔵施設）」又は「（廃棄施設）」の文字を，下部に「許可なくして立入りを禁ず」の文字を記入すること。	放射能標識は，半径10 cm以上とすること。	管理区域の境界に設ける柵その他の人がみだりに立ち入らないようにするための施設の出入口又はその付近
許可使用者が法第10条第6項の規定により使用の場所の変更を届け出て行う放射性同位元素又は放射線発生装置の使用の場所に係る管理区域（第15条第1項第13号）	放射能標識の上部に「管理区域」の文字及びその真下に「（放射性同位元素使用場所）」又は「（放射線発生装置使用場所）」の文字を，下部に「許可なくして立入りを禁ず」の文字を記入すること。	同上	同上
届出使用者が行う使用又は廃棄の場所に係る管理区域（第15条第1項第13号及び第19条第4項第2号）	放射能標識の上部に「管理区域」の文字及びその真下に「（放射性同位元素使用場所）」又は「（放射性同位元素廃棄場所）」の文字を，下部に「許可なくして立入りを禁ず」の文字を記入すること。	同上	同上
届出使用者が廃棄を行う場所に備える容器（第19条第4項第2号）	放射能標識の上部に「放射性廃棄物」の文字を記入すること。	放射能標識は，半径2.5 cm以上とすること。	容器の表面

付表 15　放射性同位元素の使用に伴う手続等の概要

事　項	説　明	申請書等の様式*1	関係規則	許可事業所	届出事業所
申　請			施行規則		
許可申請	使用開始までには，以下の手続が必要である。	様式 1	同第 2 条	○	
使用の届出		様式 2	同第 3 条		○
放射線取扱主任者の選任	あらかじめ選任し，選任した日から 30 日以内に届け出る。ただし，貯蔵施設に放射性同位元素を受け入れる前若しくは使用する前に届ける。	様式 41	同第 31 条	○	○
特定放射性同位元素防護管理者の選任 *2	選任・解任の日から 30 日以内に届け出る。ただし，特定放射性同位元素を取り扱う前に届ける。	様式 53 の 2	同第 38 条の 6	○	—
放射線障害予防規程届	あらかじめ届け出る。	様式 25	同第 21 条	○	○
特定放射性同位元素防護規程届*2	あらかじめ届け出る。	様式 26 の 2	同第 24 条の 2 の 3	○	—
施設検査申請	施設を使用する前に申請し，検査を受ける。	様式 15	同第 14 条の 14	○*3	
使用開始	ここで初めて使える。				
定期検査申請	定められた期間ごとに受ける。	様式 16	同第 14 条の 17	○*4	
定期確認申請		様式 17	同第 14 条の 20	○	
放射線障害予防規程の変更届	変更した日から 30 日以内に届け出る。	様式 26	同第 21 条	○	○
特定放射性同位元素防護規程の変更届*2	変更した日から 30 日以内に届け出る。	様式 26 の 3	同第 24 条の 2 の 3	○	—
放射線取扱主任者の選任・解任	選任・解任の日から 30 日以内に届け出る。	様式 41	同第 31 条	○	○
特定放射性同位元素防護管理者の選任・解任*2	選任・解任の日から 30 日以内に届け出る。	様式 53 の 2	同第 38 条の 6	○	—

事　項	説　明	申請書等の様式*1	関係規則	許可事業所	届出事業所
放射線取扱主任者代理者の選任・解任	選任・解任の日から30日以内に届け出る。	様式42	同第33条	○	○
特定放射性同位元素防護管理者代理者の選任・解任*2	選任・解任の日から30日以内に届け出る。	様式53の3	同第38条の8	○	—
放射線管理状況報告	毎年4日1日から翌年の3月31日までの期間について当該期間の経過後3月以内に報告する。	様式55	同第39条	○	○
変更許可等					
変更許可申請	あらかじめ許可証を添えて提出する。	様式8	同第9条	○	
届出使用に係る変更届	あらかじめ届け出る。	様式3	同第4条		○
変更に係る 譲渡し・譲受け 制限解除 所持の制限解除	変更許可を受けた時点 変更届が受付けられた時点				
氏名等の変更届	変更した日から30日以内に届け出る。	様式10	同第10条の2	○	○
軽微な変更に係る変更届	あらかじめ許可証を添えて届け出る。	様式11	同第10条の3	○	
使用の場所の一時的変更届	あらかじめ届け出る。	様式12	同第11条	○	
使用の廃止届	その事由の生じた日から遅滞なく届け出る。	様式32	同第25条	○	○
使用者死亡・解散届		様式33	同上	○	○
廃止措置計画の届		様式34	同第26条	○	○
廃止措置計画の変更届		様式35	同上	○	○
使用の廃止に伴う措置の報告	廃止措置が完了後，遅滞なく報告する。	様式36	同上	○	○
放射線施設の廃止に伴う措置の報告	放射線施設を廃止した日から30日以内に報告する。	様式54	同第39条	○	○

＊1　施行規則の「別記様式」。以下，本表では「様式」と略す。
＊2　特定放射性同位元素の使用・保管・運搬又は廃棄をする場合
＊3　9.1（施設検査）参照
＊4　9.2（定期検査）参照

付表 16　表示付認証機器の使用に伴う手続等の概要

事　項	説　明	申請書等の様式*	関係規則	届出事業所
使用の届出	使用開始後 30 日以内に届け出る。	様式 4	施行規則第 5 条	○
使用に係る変更届 氏名等の変更届	変更後 30 日以内に届け出る。	様式 4	同上	○
使用の廃止届	その事由の生じた日から遅滞なく届け出る。	様式 37	同第 26 条の 2	○
使用者死亡・解散届	〃	様式 38	同上	○
廃止措置計画の届	〃	様式 37	同上	○
廃止措置計画の変更届	〃	様式 35	同上	○
使用の廃止に伴う措置の報告	廃止措置が完了後，遅滞なく報告する。	様式 36	同上	○

＊　施行規則の「別記様式」。本表では「様式」と略す。

・各様式の用紙は，原子力規制委員会のホームページから入手ができる。

付表 17　試験研究の用に供する原子炉等の設置，運転等に関する規則等に係る電磁的方法による保存をする場合に確保するよう努めなければならない基準（抄）

（平成 24 年 9 月 19 日　原子力規制委員会告示第 1 号）

第 1 条　（略）

（用語）

第 2 条　この基準において，次の各号に掲げる用語の意義は，それぞれ当該各号に定めるところによる。

⑴「情報システム」とは，ホストコンピュータ，端末機，通信関係装置，プログラムその他のハードウェア及びソフトウェアの全部又は一部により構成されるものであって，電磁的方法による保存をするためのシステムをいう。

⑵「室」とは，情報システムを設置している室及びデータ記録媒体を保管する室をいう。

⑶「データ」とは，情報システムの入出力情報をいう。

⑷「データ記録媒体」とは，データを記録したディスク，磁気テープ，フィルム，カードその他の媒体をいう。

付表 18　放射性同位元素等の規制に関する法律施行規則 第 21 条第 1 項第 14 号の規定に基づき 放射性同位元素又は放射線発生装置を定める告示

（平成 30 年 1 月 5 日　原子力規制委員会告示第 2 号）

（放射性同位元素）

第 1 条　放射性同位元素等の規制に関する法律施行規則（次条において「規則」という。）第 21 条第 1 項第 14 号に規定する放射性同位元素は，次の各号に掲げる区分に応じ，当該各号に定めるものとする。

(1)　密封されていない放射性同位元素（次号に掲げるものを除く。）

一の使用の場所において使用をする放射性同位元素について，次の各号に掲げる場合の区分に応じ，それぞれ次に定めるもの

イ　放射性同位元素の種類が 1 種類の場合

別表の第 1 欄に掲げる種類に応じて，使用の方法に基づく放射性同位元素の 1 日最大使用数量が同表の第 2 欄に掲げる数量以上のもの

ロ　放射性同位元素の種類が 2 種類以上の場合

別表の第 1 欄に掲げる種類ごとの使用の方法に基づく放射性同位元素の 1 日最大使用数量のそれぞれ同表の第 2 欄に掲げる数量に対する割合の和が 1 以上となるもの

(2)　密封されていない放射性同位元素（固体状の放射性同位元素であって，粉末でなく，かつ，揮発性，可燃性又は水溶性のいずれも有しないものに限る。）及び密封された放射性同位元素

一の使用の場所において使用をする放射性同位元素について，次の各号に掲げる場合の区分に応じ，それぞれ次に定めるもの

イ　放射性同位元素の種類が 1 種類の場合

別表の第 1 欄に掲げる種類に応じて，使用の方法に基づく密封されていない放射性同位元素の 1 日最大使用数量及び密封された放射性同位元素の数量を合計した数量が，同表の第 3 欄に掲げる数量以上のもの

ロ　放射性同位元素の種類が 2 種類以上の場合

別表の第 1 欄に掲げる種類ごとの使用の方法に基づく密封されていない放射性同位元素の 1 日最大使用数量及び密封された放射性同位元素の数量を合計した数量のそれぞれ同表の第 3 欄に掲げる数量に対する割合の和が 1 以上となるもの

2　前項（第 2 号に限る。）の規定は，放射線障害を防止するために必要な遮蔽能力を有する，放射性同位元素装備機器を構成する容器又はセル，グローブボックスその他の気密設備の内部においてのみ同号に該当する放射性同位元素の

使用をする場合には，適用しない。

（放射線発生装置）

第 2 条　規則第 21 条第 1 項第 14 号に規定する放射線発生装置は，次の各号に掲げる区分に応じ，当該各号に定めるものとする。

(1)　荷電粒子（電子又は陽電子に限る。以下この号及び次項において同じ。）を加速する放射線発生装置

加速した荷電粒子の最大出力が 1 キロワット及び加速した当該荷電粒子の最大エネルギーが 50 メガ電子ボルトを超えるもの

(2)　放射線発生装置（加速する荷電粒子の質量数が 1 以上のものに限る。）

加速した荷電粒子の最大出力が０.５キロワット及び加速した当該荷電粒子の最大エネルギーをその質量数で除して得たエネルギーが 100 メガ電子ボルトを超えるもの

2　前項（第 1 号に限る。）の規定にかかわらず，荷電粒子を加速する放射線発生装置であって加速した当該荷電粒子を蓄積するものは，規則第 21 条第 1 項第 14 号に規定する放射線発生装置に該当しないものとする。

3　第 1 項の規定は，使用の場所が 2 以上の室にまたがらず，かつ，人が通常出入りする出入口が 1 のみである室において同項各号に該当する放射線発生装置の使用をする場合には，適用しない。

別表（第 1 条関係）　主な核種のみ記載

第 1 欄		第 2 欄	第 3 欄
放射性同位元素の種類		数量 (TBq)	数量 (TBq)
核種	化学形等		
^{3}H		2×10^{3}	
^{14}C		5×10^{1}	2×10^{7}
^{32}P		2×10^{1}	3×10^{3}
^{60}Co		3×10^{1}	7×10^{0}
^{90}Sr	放射平衡中の子孫核種を含む。	1×10^{0}	1×10^{3}
^{99}Mo	放射平衡中の子孫核種を含む。	2×10^{1}	7×10^{1}
^{125}I		2×10^{-1}	1×10^{4}
^{137}Cs	放射平衡中の子孫核種を含む。	2×10^{1}	3×10^{1}
^{192}Ir		2×10^{1}	2×10^{1}

付表19　放射線を発散させて人の生命等に危険を生じさせる行為等の処罰に関する法律

放射線を発散させて人の生命等に危険を生じさせる行為等の処罰に関する法律（平成19年5月11日法律第38号　施行日平成19年9月2日）において，放射性物質等による人の生命，身体及び財産の被害の防止並びに公共の安全の確保を図ることを目的とし，又，放射線を発散させて，人の生命，身体又は財産に危険を生じさせた者は，無期又は2年以上の懲役に処する。

（目的）

第1条　この法律は，核燃料物質の原子核分裂の連鎖反応を引き起こし，又は放射線を発散させて，人の生命，身体又は財産に危険を生じさせる行為等を処罰することにより，核によるテロリズムの行為の防止に関する国際条約その他これらの行為の処罰に関する国際約束の適確な実施を確保するとともに，核原料物質，核燃料物質及び原子炉の規制に関する法律（昭和32年法律第166号）及び放射性同位元素等の規制に関する法律（昭和32年法律第167号）と相まって，放射性物質等による人の生命，身体及び財産の被害の防止並びに公共の安全の確保を図ることを目的とする。

（定義）

第2条　この法律において「核燃料物質」とは，原子力基本法（昭和30年法律第186号）第3条第2号に規定する核燃料物質をいう。

2　この法律において「放射線」とは，原子力基本法第3条第5号に規定する放射線をいう。

3　この法律において「放射性物質」とは，次に掲げるものをいう。

⑴　核燃料物質その他の放射線を放出する同位元素及びその化合物並びにこれらの含有物（原子力基本法第3条第3号に規定する核原料物質を除く。）

⑵　前号に掲げるものによって汚染された物

4　この法律において「原子核分裂等装置」とは，次に掲げるものをいう。

⑴　放射性物質を装備している装置であって，次に掲げるもの

イ　核燃料物質の原子核分裂の連鎖反応を起こさせる装置

ロ　放射性物質の放射線を発散させる装置

⑵　荷電粒子を加速することにより放射線を発生させる装置

（5，6　略）

（罰則）

第3条　放射性物質をみだりに取り扱うこと若しくは原子核分裂等装置をみだりに操作することにより，又はその他不当な方法で，核燃料物質の原子核分裂の連鎖反応を引き起こし，又は放射線を発散させて，人の生命，身体又は財産

に危険を生じさせた者は，無期又は2年以上の懲役に処する。

2　前項の罪の未遂は，罰する。

3　第1項の罪を犯す目的で，その予備をした者は，5年以下の懲役に処する。ただし，同項の罪の実行の着手前に自首した者は，その刑を減軽し，又は免除する。

第4条　前条第1項の犯罪の用に供する目的で，原子核分裂等装置を製造した者は，1年以上の有期懲役に処する。

2　前項の罪の未遂は，罰する。

第5条　第3条第1項の犯罪の用に供する目的で，原子核分裂等装置を所持した者は，10年以下の懲役に処する。

2　第3条第1項の犯罪の用に供する目的で，放射性物質を所持した者は，7年以下の懲役に処する。

3　前2項の罪の未遂は，罰する。

第6条　（略）

第7条　放射性物質又は原子核分裂等装置を用いて人の生命，身体又は財産に害を加えることを告知して，脅迫した者は，5年以下の懲役に処する。

第8条　（略）

第9条　第3条から前条までの罪は，刑法（明治40年法律第45号）第4条の2の例に従う。

附　則　（抄）

（施行期日）

第1条　この法律は，核によるテロリズムの行為の防止に関する国際条約が日本国について効力を生ずる日から施行する。ただし，附則第7条の規定は，公布の日から施行する。

第2条　削除

（条約による国外犯の適用に関する経過措置）

第3条　第9条の規定は，この法律の施行の日以後に日本国について効力を生ずる条約並びに核物質の防護に関する条約及びテロリストによる爆弾使用の防止に関する国際条約により日本国外において犯したときであっても罰すべきものとされる罪に限り適用する。

（罰則の適用に関する経過措置）

第4条　この法律の施行前にした行為に対する罰則の適用については，なお従前の例による。

付表 20　特定放射性同位元素の数量を定める告示

（平成 30 年 11 月 26 日　原子力規制委員会告示第 10 号）

第 2 条　放射性同位元素等の規制に関する法律施行令第 1 条の 2 の原子力規制委員会が定める放射性同位元素の数量は，次の各号に定める数量とする。

1　密封された放射性同位元素

放射性同位元素の密封したもの 1 個に含まれている放射性同位元素について，次に掲げる場合の区分に応じ，それぞれ次に定める数量

イ　放射性同位元素の種類が 1 種類の場合

別表第 1 の第 1 欄に掲げる種類に応じて，同表の第 2 欄に掲げる数量

ロ　放射性同位元素の種類が 2 種類以上の場合

別表第 1 の第 1 欄に掲げる種類ごとの放射性同位元素の数量をそれぞれ同表の第 2 欄に掲げる数量で除して得た値の和が 1 となるようなそれらの数量

2　密封されていない放射性同位元素（固体状の放射性同位元素であって，粉末ではなくかつ，揮発性，可燃性又は水溶性のいずれも有しないものに限る。）

一の放射性同位元素の使用をする室等に存し，又は一の放射性輸送物に含まれている放射性同位元素について，次に掲げる場合の区分に応じ，それぞれ次に定める数量

イ　放射性同位元素の種類が 1 種類の場合

別表第 1 の第 1 欄に掲げる種類に応じて，同表の第 2 欄に掲げる数量

ロ　放射性同位元素の種類が 2 種類以上の場合

別表第 1 の第 1 欄に掲げる種類ごとの放射性同位元素の数量をそれぞれ同表の第 2 欄に掲げる数量で除して得た値の和が 1 となるようなそれらの数量

3　密封されていない放射性同位元素（上記 2 を除く。半減期 2 日以上が対象）

一の放射性同位元素の使用をする室等に存し，又は一の放射性輸送物に含まれている放射性同位元素について，次に掲げる場合の区分に応じ，それぞれ次に定める数量

イ　放射性同位元素の種類が 1 種類の場合

別表第 2 の第 1 欄に掲げる種類に応じて，同表の第 2 欄に掲げる数量

ロ　放射性同位元素の種類が 2 種類以上の場合

別表第 2 の第 1 欄に掲げる種類ごとの放射性同位元素の数量をそれぞれ同表の第 2 欄に掲げる数量で除して得た値の和が 1 となるようなそれらの数量

別表第1　（24 核種のみ規定）

第 1 欄		第2欄	第 1 欄		第2欄
放射性同位元素の種類		数 量 (TBq)	放射性同位元素の種類		数 量 (TBq)
核種	備 考		核種	備 考	
^{55}Fe		8×10^{2}	^{147}Pm		4×10^{1}
^{57}Co		7×10^{-1}	^{153}Gd		1×10^{0}
^{60}Co		3×10^{-2}	^{170}Tm		2×10^{1}
^{63}Ni		6×10^{1}	^{169}Yb		3×10^{-1}
^{68}Ge	放射平衡中の子孫核種を含む。	7×10^{-2}	^{192}Ir		8×10^{-2}
^{75}Se		2×10^{-1}	^{198}Au		2×10^{-1}
^{90}Sr	放射平衡中の子孫核種を含む。	1×10^{0}	^{204}Tl		2×10^{1}
^{106}Ru	放射平衡中の子孫核種を含む。	3×10^{-1}	^{210}Po		6×10^{-2}
^{103}Pd	放射平衡中の子孫核種を含む。	9×10^{1}	^{226}Ra	放射平衡中の子孫核種を含む。	4×10^{-2}
^{109}Cd		2×10^{1}	^{241}Am		6×10^{-2}
^{124}Sb		4×10^{-2}	^{244}Cm		5×10^{-2}
^{137}Cs	放射平衡中の子孫核種を含む。	1×10^{-1}	^{252}Cf		2×10^{-2}

別表第2　（237 核種のうち主な核種のみ）

第 1 欄		第2欄	第 1 欄		第2欄
放射性同位元素の種類		数 量 (TBq)	放射性同位元素の種類		数 量 (TBq)
核種	備 考		核種	備 考	
^{3}H		2×10^{3}	^{85}Kr		2×10^{3}
^{14}C		5×10^{1}	^{99}Mo	放射平衡中の子孫核種を含む。	2×10^{1}
^{26}Al		5×10^{0}	^{111}In		1×10^{2}
^{32}P		2×10^{1}	^{125}I		2×10^{-1}
^{33}P		2×10^{2}	^{131}I		2×10^{-1}
^{55}Fe		8×10^{2}	^{133}Xe		2×10^{2}
^{59}Fe		1×10^{1}	^{137}Cs	放射平衡中の子孫核種を含む。	2×10^{1}
^{60}Co		3×10^{1}	^{147}Pm		4×10^{1}
^{63}Ni		6×10^{1}	^{152}Eu		3×10^{1}
^{67}Ga		4×10^{2}	^{201}Tl		1×10^{3}
^{75}Se		2×10^{2}	^{223}Ra	放射平衡中の子孫核種を含む。	1×10^{-1}

付表 21　管理区域及び遮蔽物に係る実効線量への換算

管理区域に係る線量等（数量告示第 4 条）及び遮蔽物に係る線量限度（数量告示第 10 条）への計算は，数量告示第 26 条に基づき次のように求める。

1．放射線がエックス線又はガンマ線である場合（数量告示第 26 条第 1 項第 1 号）

$E=f_{\mathrm{x}}\times D$

E：実効線量（単位　シーベルト）

f_{x}：自由空気中の空気カーマが 1 グレイ（Gy）である場合の実効線量への換算係数（数量告示別表第 5）

D：自由空気中の空気カーマ（単位　グレイ）

なお，自由空気中の照射線量と空気カーマの関係は次式で表せる。

$D=0.00876X/(1-g)$

D：空気カーマ

X：照射線量（単位　グレイ）

g：制動放射により失われるエネルギーの割合

2．放射線が中性子の場合（数量告示第 26 条第 1 項第 2 号）

$E=f_{\mathrm{n}}\times\phi$

E：実効線量　（単位　シーベルト）

f_{n}：自由空気中の中性子フルエンスが 10^{12} 個/cm^2 である場合の実効線量への換算係数（数量告示別表第 6）

ϕ：自由空気中の中性子フルエンス（個/cm^2）

付表 22　放射線に関する量と単位

量	名　称	単位	定　義
放射能	ベクレル	Bq	1 Bqは 1 秒間に 1 個の原子核の壊変
放射線のエネルギー	電子ボルト	eV	1 eVは真空中において電子が 1 Vの電位差で加速されて得るエネルギー
線　量	空気カーマ	$J \cdot kg^{-1}$ (Gy)	非荷電粒子であるX線，γ線，中性子線がある物質の微少質量中で荷電粒子に与えた初期運動エネルギーの総和をその質量で除したものがカーマ。特に物質が空気の場合，空気カーマという。
線量当量	シーベルト	Sv	$H=D \cdot Q$ D：ある点の吸収線量（Gy） Q：線質係数
等価線量	シーベルト	Sv	$H_T=\sum_R w_R \cdot D_{T,R}$ $D_{T,R}$：組織又は臓器 T が放射線 R から受ける平均吸収線量（Gy） w_R：放射線加重係数
実効線量	シーベルト	Sv	$E=\sum_T w_T \cdot H_T$ H_T：組織又は臓器 T の等価線量（Sv） w_T：組織加重係数

付表 23　単位の接頭語

単位に乗ぜられる倍数	接　頭　語		単位に乗ぜられる倍数	接　頭　語	
	名　称	記　号		名　称	記　号
10^{18}	エクサ	E	10^{-1}	デ　シ	d
10^{15}	ペ　タ	P	10^{-2}	センチ	c
10^{12}	テ　ラ	T	10^{-3}	ミ　リ	m
10^{9}	ギ　ガ	G	10^{-6}	マイクロ	μ
10^{6}	メ　ガ	M	10^{-9}	ナ　ノ	n
10^{3}	キ　ロ	k	10^{-12}	ピ　コ	p
10^{2}	ヘクト	h	10^{-15}	フェムト	f
10	デ　カ	da	10^{-18}	ア　ト	a

索　　引

〔な〕

〔は〕

〔ま〕

〔や〕

〔アルファベット〕

あ　と　が　き

本書は，下記の編集委員のほか多くの協力者によって編集作業が行われた。協力者に謝意を表す。

改訂 12 版編集委員会

委員長　上蓑　義朋（公益社団法人 日本アイソトープ協会）

委　員　杉山　和幸（国立研究開発法人 理化学研究所安全管理部）

　　　　深野　重男（元 公益社団法人 日本アイソトープ協会）

放射性同位元素等の規制に関する法令
概説と要点（改訂 12 版）

放射線障害の防止に関する法令――概説と要点――
1969年 6 月 1 日　初版発行
1988年12月 1 日　新版発行
2019年 3 月22日　改訂 11 版発行
【12 版より現書名に改題】
2021年 2 月16日　改訂 12 版発行
2024年 3 月 1 日　改訂 12 版 2 刷発行

編　集　公益社団法人
発　行　日本アイソトープ協会

〒113-8941　東京都文京区本駒込二丁目28番45号
電　話　代表（03）5395-8021
学術（03）5395-8035
E-mail　s-shogai@jrias.or.jp
U R L　https://www.jrias.or.jp/

発売所　丸 善 出 版 株 式 会 社

〒101-0051　東京都千代田区神田神保町 2-17
電　話　（03）3512-3256
U R L　https://www.maruzen-publishing.co.jp/

印刷・製版　㈱レオプロダクト

ISBN 978-4-89073-282-1 C2032